Plants are tough.
Leave them alone. Overfeeding, over-watering, over-tending does more harm than giving them a good home and letting them do what they do best — grow.

Know where the sun rises and sets every day of the year. Be there to greet it and bid farewell. The start and end of every day is different. Shape the garden — cut gaps in branches, slots and windows in hedges — to let the sun in.

Down to Earth

Gardening Wisdom

Monty Don

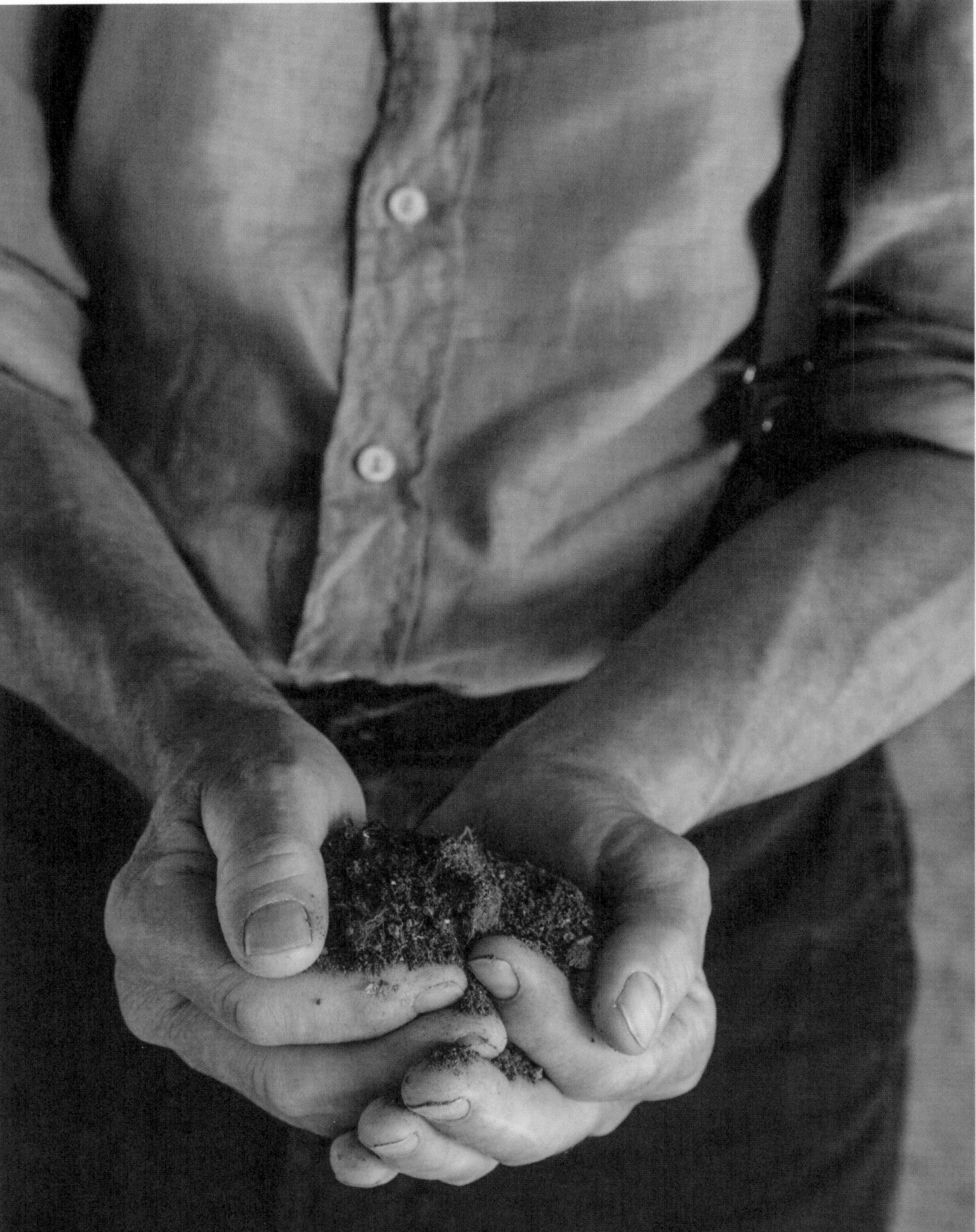

DK园艺智慧

Monty Don的50年园艺心得

〔英〕蒙提·唐　著
光合作用　译

北京科学技术出版社

著作权合同登记号　图字：01-2019-4043

图书在版编目（CIP）数据

DK园艺智慧：Monty Don的50年园艺心得 / (英) 蒙提·唐著；光合作用译. --北京：北京科学技术出版社，2019.7（2022.4重印）
书名原文: Down to Earth: Gardening Wisdom
ISBN 978-7-5714-0294-5

Ⅰ. ①D…　Ⅱ. ①蒙… ②光…　Ⅲ. ①园艺－通俗读物　Ⅳ. ①S6-49

中国版本图书馆CIP数据核字（2019）第091397号

策划编辑： 陈　伟
责任编辑： 王　晖
责任印制： 张　良
内文制作： 北京嘉泰利德科技发展有限公司
出 版 人： 曾庆宇
出版发行： 北京科学技术出版社
社　　址： 北京市西直门南大街16号
邮政编码： 100035
电　　话： 0086-10-66135495（总编室）
0086-10-66113227（发行部）
电子信箱： bjkj@bjkjpress.com
印　　刷： 当纳利（广东）印务有限公司
开　　本： 787mm×1092mm　1/16
字　　数： 220千字
印　　张： 17
印　　次： 2022年4月第6次印刷
版　　次： 2019年7月第1版
ISBN 978-7-5714-0294-5

定　　价：98.00元

For the curious
www.dk.com

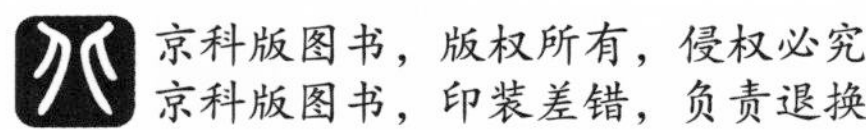

导　言

我“正式”开始园艺大概是在7岁，但自记事起就总在花园玩耍，园艺于我的最好之处，莫过于待我长到能四处撒欢时，其诱惑力依旧丝毫不逊于外出露营。

但园艺于我并非一直都那般美好。事实上，整个童年时期我都视之为不得不完成的苦差事，活儿做不完，我就不能在汉普夏郡乡间阡陌和林地之中自在玩乐，而那一带，正是我长大的地方。如今我才意识到，那片白垩土地貌上独特的植被，跟我自幼接受的教养一起塑造了我的世界观。

当我长到足以帮忙操持一座事务繁忙的大型花园之时，就被送到了寄宿学校。虽然学校与家仅仅相隔29千米，但那里土壤贫瘠、沙质且呈酸性，生长着杜鹃花、帚石南和松树。我彼时的乡愁不仅仅是对家人的思念，也是对故乡白垩土地貌上独特景观的深切渴望。

大概在我17岁时，园艺开始真正走进我的生活。那时，我自然而然地学会了各种实用知识，开始种植蔬菜、做堆肥，而且能把地块打理得齐齐整整。

早春的一天，我正为播种胡萝卜而翻整土地，内心充盈着一种“做着自己想做的事”的欣喜，并为之十分满足，别无他求。我在简单的小确幸与神秘的狂喜之间找到了平衡点，这种在花园中获得的圆满感自此从未离开过我。

那天晚上，我梦见我的双手深深地扎入白垩土里，生了根。醒来时我精神焕发，深信未来我所有的生计和圆满都应该，不，是必将根源于泥土。

不过，这些都是相当私人且个人化的经验。除了在学生时代的某些时期，我曾在法国和英国为挣学费而工作，还从未以园丁为职业讨过生活。我是个业余园艺爱好者，讲的也都是我通过自学获得的些许知识，以及50年来的个人经验。我承认自己深深痴迷于园艺，孜孜不倦地求学于浩瀚的书海学库。但单纯地为着我和家人的快乐与满意，双手深扎于泥土，打造一座美丽的花园，这一份心意从未改变。

我相信对于一座好的花园，造园人和园中的植物同样重要。你是花园不可分割的一部分。花园因你而存在。因此，这本书是一个尝试，试图与大家分享一些我经年积累的个人认知。它不是一本教科书，也不是一本权威指导手册。一切都基于我自己的实践经验，以及园艺给我自己的人生带来的深层况味。

我曾周游世界各地的许多花园，深深地感受到花园必须由心打造，否则完全不能触动观者的思绪。造园的第一要务是得让自己开心，不然可能无法打动任何人。对于一座花园，寻求一个理想的“完结”，终将归于失望。每座花园既是一个持续进行的工程，亦如我们走到今时今日的人生，此刻即是完美。它是变化着的，一直都是。它能变得更好，也时常变得更糟。我们要做的是接纳变化，随机应变。

造园的过程像是流经我们人生的一条河。此身不变，此地长在，而河流即便是在最宁静、平和的日子里，也永是流淌不息。

经常有人问我怎么做才是“正确”的，或是关于某个园艺问题的“正确”答案。我们似乎总在期待着专家们高高在上地发布各种讯息与知识，然后亦步亦趋地效法执行。事情不该是这样的。个人经验确实值得仰赖，但学得越多，反而愈加发觉自己懂得太少。

正确的答案总是寥寥，且遥不可及，而正确的问题远远比之更为有趣且更有意义。每个人都总是在犯错。关键是不犯同一个错误。

即便是最优秀的园艺大师，真正的专家，也只是在他们的花园中，在那无比复杂、微妙的一切中，抓住了些许浮光掠影而已。所以即便最终只是发觉自己懂得太少，也捕捉这些浮光掠影吧。努力充实自己。信心与直觉相结合是种好植物的基础。坚定目标，充满信心，而后在践行中建立起直觉。耐心伺候，仔细观察。只要日积月累，所获的知识便能与直觉相辅相成，互相促进，从而令后续的观察更有意义。如此这般持续下去就是了。

我们往往会觉得自己像是花园里的乐队指挥，控制着每一个音符和节奏。但谦逊是唯一恰当的态度。即便是最好的园丁，也不会把自己当作一个指挥，而更像是一个确保每只灯泡都已更换妥当的管理员，或是处于最佳坐席的一名观众，甚或是两者兼备的一种特别角色。

人生短暂而荒谬，痛苦与哀伤如河流穿行其间。但即便是在面对最深的苦难时，园艺仍能令我们的日子如沐欢愉。

花园会治愈人。当你悲伤时，花园会安慰你。当你深受屈辱或挫败时，花园会抚慰你。当你孤单时，花园会给予你最恒久贴心的陪伴。当你疲惫时，花园会化解你的困顿，重振你的精神。

我的人生十分幸运。我和我爱的人一起打造了花园，这个过程非常幸福。幸福是需要一些运气的。而打造一座花园能增加获得幸福的机会。

我希望这本书能对你享受园艺有所帮助。

目　录

四 季

顺应四时节气而行，不要与之作对——你会输的。遵行这一条并不容易，你得学会随机应变。用你家后院的物候来区分四季。春天何时来到你家花园？冬天会在你家花园盘桓多久？哪个精确的时节又是由春入夏的转折点？这些都是实在的问题，世界上的每一座花园都有属于自己的精确答案，每个答案都各不相同。每个人都有属于自己的秋阳，自己的东风，自己的骤雨。

有个小秘诀分享给大家，尽可能多地给花园拍照，并在不同的季节里回顾。这样载录下来的花园四时图，既是植物种类和种植位置的重要记录，也是下一年种植规划的重要参考资料。你会震惊，记忆是多么会骗人，不论是出于善意还是邪念。

春

在花园响起嗡嗡声前，请耐心等待，别急着播种或是种下太多植物。在捱过一个漫长阴霾的北方冬天之后，我们都急迫地期待春天，为每一个春的迹象欢欣鼓舞：公园里的第一丛雪滴花、第一簇柔荑花序、第一丛洋水仙，以及篱笆下绽放的第一朵报春花，但最关键的征兆是蜜蜂以及其他授粉昆虫的出现。春天有两个征兆：一是夜越来越短，二是空气（更重要的是土地）开始变暖。第一个征兆，白昼变长，惯例性地从冬至日开始。但大部分春季植物只有在天气开始变暖时才会开始生长，因为授粉昆虫在寒冷的天气里踪迹罕见。

旧时的农夫会跑到地里，脱下裤子，光屁股坐到地上，感受泥土的温度。这场面或许会引来旁边分配地里的三两瞠目，但方法本身是妥当的。等到泥土摸上去不冷的时候，再到户外去播种。甭管几月几日，植物又不看日历，你得细细感受土壤温度并相信自己的判断。

3月这个月份，是属于去年秋天种下的球根植物的。提前规划，安心等候，切勿拔苗助长。要有耐心。晚春时节，泥土更加暖和，夜间气温更高，白昼更长，此时播种或种下的植物通常长得更快、更壮、更健康。

4~5月的花园，白昼越来越长，没什么比这更令人兴奋不已且鼓舞人心的了。仔细记下光照的强度以及它在花园里走过的轨迹，以备来年做种植规划用。

原则上，春季开花的植物最好成团成簇种植，营造一种局部视觉冲击。花园的大部分地方还都裸着，所以你要是把春季开花植物种得稀稀拉拉的，它们会被寒冬过后的荒凉空旷感淹没。但要是你把一块区域种满球根植物、铁筷子、报春花、肺草属等早春开花的植物，这里便会花团锦簇、鲜活醒目。

原则上，春季开花的植物最好成团
成簇种植，营造一种局部视觉冲击

要是你空间有限，把球根盆栽摆放在一起也能营造出那种春花烂漫的冲击感。早在1月末或2月，网脉鸢尾就会开出色泽浓艳的花朵，而盆栽的雪滴花和洋水仙‘悄悄话’也都能长得很好，它们都可以通过诱导提早一些开花，营造聚焦点。

要是你在春天的花园里并不忙碌，那你可能是在浪费宝贵的时间。没错，春季开花的植物都是上一年秋天种下的。但是在春天略花几个礼拜的工夫，就能让整个夏天的花园满满当当。

早春时节，从雪滴花到树篱，几乎所有的植物都可以着手种植。

4月底之前下地的植株很快就会繁茂起来。这个时节几乎什么都能种，至少可以开个头。

虽说菜园里要干的活儿有很多，能采摘收获的却寥寥无几。正因此，4月中旬到6月中旬这段时期叫作“饥荒季（青黄不接的时节）”。冬季作物的收获已近尾声，夏季作物尚未成熟。要填补这段时期的空缺，需要仔细规划。可以连续播种一些蔬菜，像是芝麻菜和樱桃萝卜，它们在凉爽的季节里生长迅速，既可填补空档，还可一直丰收至夏末。

夏

在北欧的大部分花园里，夏天可以分成两个小节。第一个较短暂且界限分明，始于5月末，持续时间不超过6个星期，结束于7月的第一个周末。整个6月，白昼是一年中最长的，光线也最为明亮，所有的落叶植物，不管是耧斗菜还是橡树，都还绿意盎然。月季正值盛期，大花铁线莲旖旋灿烂，而盛放的鸢尾、毛地黄、花葱和羽扇豆等植物则为花境戴上了花冠。此时的花园给人的感觉就像一个华丽的开场，缤纷灿烂尚可期。

虽然6月白天很热，夜间却是出奇得冷，这种剧烈的温差变化对不耐寒的植物来说，比温度本身更具杀伤力。番茄、南瓜、大丽花、美人蕉等源于赤道附近的植物深受其害，生长可能会停滞，进而更易遭受虫害。

白昼变长，夜晚虽然缩短但更暖和了，源自北半球的植物会响应这些变化，开始结籽。事实上，夏季的第二个小节就此开始，一直持续到9月。

园艺上有种约定俗成的观点，认为8月是最艰难的一个月，不过我这里不太一样。虽然白昼越来越短，但因为夜间还很暖和，珠宝花

园在八九月间会进入全盛期。大丽花、芭蕉、百日菊、肿柄菊、向日葵、堆心菊、烟草、秋英等植物花开正盛。日渐倾斜的光线和炎热的天气共同作用，使得绛紫色、焦糖色、紫色、红宝石色这些本就浓郁的色彩，更加熠熠生辉。

秋

9月23日，秋分，一年的转折点。昼夜等长，短暂的平衡之后，昼始短夜始长。秋是美的。色彩缤纷，光线霭霭，花果依然繁盛，但“自古逢秋悲寂寥”，曲终筵罢，北半球的日光渐渐变弱，悄悄溜走。

赫里福德郡的秋天满溢着果香与酒气，许多果园中都长着壮硕的标准果树，树下牧着羊，树上硕果累累，一股苹果酒香在空气中氤氲不散。而我自己的果园里总共有50个不同品种的苹果树，占满了整个果园。尽管我们已经收了今年的果子，并且小心储藏了起来，地上还是撒满了落果，狗狗们狼吞虎咽，后果不堪设想（会引发消化系统问题）。

依我个人经验来看，给植物、鸟类以及人类带来冬之讯息的，不是夜间空气中的那股寒意，也不是阵阵的秋雨，而是白日长短的细微改变。我们可以用覆根物、钟形棚罩、园艺薄毡和防风篱笆来娇宠冬季里的小苗，护着它们惬意地过冬。但要是没有足够的日照，一切都是白费功夫。

当燕子开始南飞，人们开始感怀悲秋，植物则显得更加稳重务实。月季、楞树和苹果树通过感知白昼日照时间的缩短，会逐渐增强御寒越冬能力。所以，即便我们能精确模拟自然光线下的环境温度，那些生长在人工光照环境下的植物，其御寒能力还是不及在自然阳光下生长的同类。

« 左图：盛夏的珠宝花园

尽管光线、颜色、园丁的精力和植物的能量都已日渐式微，但为了来年大计，在秋天尽量多干活是很重要的。当一扇门关上时，更小更遥远的另一扇就会打开。与其让花园在这个时节安歇下来，不如缓缓蓄势，待春而发。

你应该利用这段时间为来年夏天做好规划，种植、移植以及预订各种植物。从彼时到圣诞节期间，准备得越充分，那么来年春天你和花园得到的回报也会越多。当然，控制这一切的关键因素是天气，不过这个时节的好处是大部分的活儿都可以留在冬天慢慢来做。要是你有时间、有精力、有热忱，那么好好利用日渐薄弱的光线，就再好不过了。

秋季落叶

我喜欢的美式英语词汇并不多，但有一个特别钟意的，就是他们用“落下”（fall）这个词来指代秋天。无论从哪方面来说，这个词都完美贴合这个季节，一个落叶的季节。秋叶的颜色变化取决于夏末的天气，昼夜冷暖交替，触发了一种与碳水化合物相关的化学物质的生成，这种化学物质能够产生红色色素。叶子把淀粉转化成糖供给树木生长，但是寒冷的夜晚会阻碍这些糖从叶片运输到根系。累积在叶片上的糖会使叶子上的红色色素沉积；随着白昼缩短，叶绿素开始分解，红色便呈现出来。昼夜温差越大，换句话说，7月末8月初这段时间白天越热，叶片的着色便越显著。

黄叶则另有一套着色程序。本质上是因为绿色的叶绿素消失后，原本存在的黄色就显现出来了。所有秋叶中最鲜艳的那一抹黄属于英国榆，如今英国人能见到的都是处于童期阶段或是作为矮树篱种植的英国榆，因为所有的成年植株都在1975年暴发的那场榆树荷兰病中死绝了，而所有染病的幼树也在挣扎中长到6米高或是树龄15年左右时死掉了。顺便说一句，夏天叶子是黄色的树种，总是比绿叶树种长得慢一些，因为缺乏叶绿素来帮忙制造糖和淀粉等营养物质。

当叶柄与树枝连接部位的细胞分解后，树叶便会脱落。由此造成的创面上会形成栓质离层，保护树木免受感染。有些树无法形成这种保护层，因此枯死的叶子不会脱落，直到来年春天，新生的叶芽才会把枯叶顶掉。这也是为什么山毛榉和鹅耳枥会顶着一树黄褐色的叶子过冬，鹅掌楸、桦树和柳树则早早地落叶了，而橡树能妥妥地坚持到11月。

常绿树的叶子通常不变色，但也极少能在枝头维持超过一年。事实上，所谓“常绿”不过是说叶子能在枝头过冬，然后在来年春天更新换代。但是，即便这些叶片最后还是会掉到地上，也千万别把常绿树的落叶放进堆肥堆里，因为它们降解起来非常缓慢。

腐叶土

腐叶土用途广泛，怎么都不嫌多。虽然肥效缓慢，但非常适合用于改善土质。所以腐叶土是一种非常好用的自制堆肥，是林荫植物的最佳覆根物，也是重黏土的通用改良剂。

出于某些原因，没人将其商业化，这实在是不合常理。再怎么说，收集落叶制作堆肥，总比掠夺毁坏本就稀少的泥炭沼泽、推销泥炭要容易得多。

不过，要做好堆肥需要时常翻搅，要讲究成分比例，以达到营养均衡；而腐叶土简直是世界上最容易制作的堆肥。园艺堆肥须经由细菌、真菌、无脊椎动物和昆虫的活动，再加上热量与氧气的促进作用方能制成，所以需要时常翻搅。而腐叶土主要由真菌活动产生，整体上是“凉”的，不需要热量来激活真菌。只需囤积落叶，保持充分的湿度，堆在一旁，让它们静静地分解即可。

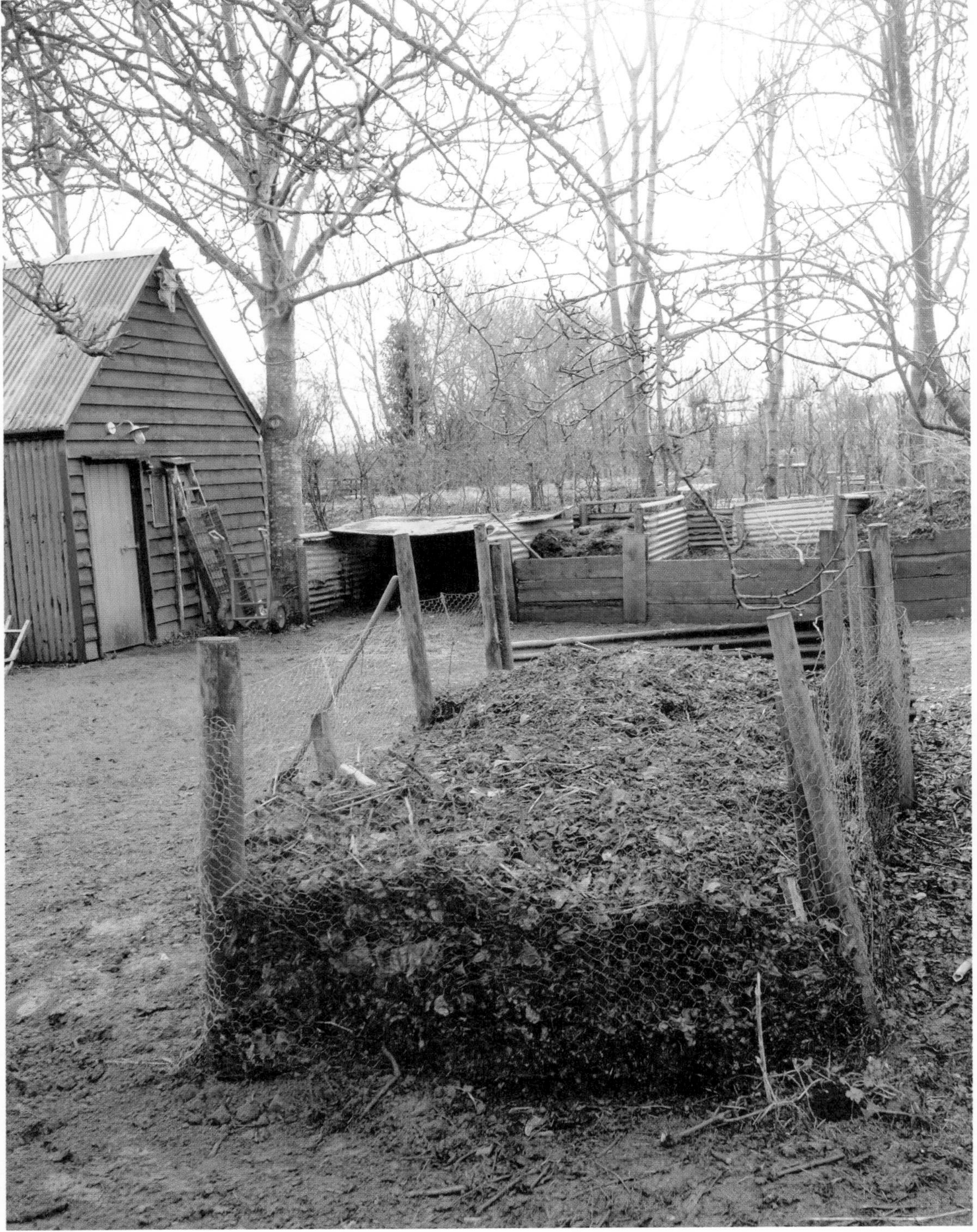

要是地面足够干燥，最好用割草机把落叶打碎。割草机用起来很方便，可以一边打碎落叶一边收集。叶片打碎后表面积增加，分解速度更快，并且大大缩减了体积，占用的空间更少。事实上，我会“收割”花园里几乎所有的落叶，通常是将它们铺在花园里一条长长的砖石小道上，再把割草机的刀片调高，然后开始一路“修剪草坪”，顺道收集落叶。

接着，把它们倒进一个巨大的细铁丝网围栏里，以保证有尽可能大的表面积暴露在空气中。在大多数年份里，光是降雨就足以令它们保持潮湿，但在干旱年份，每个月我都会用软水管喷一次水。不管怎样，我们都能在第二年的10月毫无悬念地收获完美的腐叶土，然后装袋，清空围栏。制成的腐叶土用来覆根；或者作为盆栽土的基质之一，可以用上一年。清空的细铁丝网围栏已经就位，准备接收来年秋天的落叶。

我深知很多人家里的花园没那么大，没法设置一个固定的大细铁丝网围栏用来存放落叶。在这种情况下，可以把落叶装进一个黑色垃圾袋，把垃圾袋上边缘反卷起来，但别扎紧。确保落叶足够潮湿，在袋子上戳些孔，排出多余的水分。再往小棚屋背后或者随便哪个角落里一塞，落叶就能很好地腐烂分解。经过一年时间，落叶静静地变成了酥软蓬松的基质，闻起来有点像秋日午后阳光下林荫地的味道。

冬

大部分人更珍爱冬天里的温暖，而我们的花园恰恰相反，历经数月的凛冽天气，反而会更加健康。地里耕作后遗留的土块经过霜冻便会破碎瓦解，变成松脆的上好耕土。最棒的是，曾经在温暖潮湿的时候祸害我们花园的大量真菌孢子，会被这持续的寒冷天气迅速歼灭。

« 左图：每一片落叶都收集起来，储存在细铁丝网围栏里制成腐叶土企图越冬的蚜虫、蛞蝓和蜗牛也纷纷死去。对花园来说，一个月的持续严寒，比一大卡车化学药剂的效果更佳。

冰冷的土地也让我们园丁的日常更为轻松愉快。泥泞地变硬以后，我们就可以推着装满粪肥或是杂草的独轮车来来回回，干爽利落。

当然，有得必有失。当气温跌到−5℃时，我们大部分人花境里都会种的稍耐寒植物就会受损，如鼠尾草、钓钟柳、蜜花属植物、素馨属植物、茶花和月桂。而另一些植物，从大蒜到报春花等一系列植物，则需要一段低温期来完成春化。

大部分温带园艺植物都有一套有效的防寒措施。落叶乔木和灌木会落叶，除了细微的根系生长，几乎停止所有生命活动。草本植物则能完美自如地在冻土环境下生存，因为它们暂停生长进入了休眠状态。一年生植物的植株虽然死亡了，但留下了大量的种子，熬过寒冬之后，将在春天萌发新的生命。而长得足够健壮的二年生植物，将在越冬后的翌年春天全速生长。

厚厚的积雪是极佳的隔热层，如厚毯般保护着底下的植物。积雪也是冬季重要的水分来源，前提是融化得足够慢，雪水才能渗透进土壤。但对常绿植物来说，积雪却会造成巨大的损害，尤其是造型绿植，一定要把积雪抖落。当然，是在你拍完它们披着皑皑白雪的美照之后再动手。

厚厚的积雪是极佳的隔热层，
如厚毯般保护着底下的植物

虽然很多相对强健的植物会在极端低温下（−12℃以下）死亡，但寒冷本身并不是冬季最大的问题。寒冷、风和潮湿三者结合，或是寒冷与风、寒冷与潮湿共同作用，就能把一个稳健的环境变成一场园艺灾难。

寒风能使植物的生存环境完全改变。甚至只是时速32千米的风（官方定级为：不过是一缕“清风”），就能把温度从0℃降到−7℃，从−5℃跌落到−13℃，这个温度对很多植物来说已经属于红色警戒区了。树篱、灌木甚至只是临时拉的防风网，都能大大缓解风害。事实上，每个花园的微环境各不相同，甚至花园里不同区域的微环境都可能大相径庭，这就意味着，通常来讲相对不耐寒的植物，可以在特定的微气候下熬过恶劣的天气。要点总结起来就一个词——遮蔽。

常绿植物极易遭受冬季寒风的伤害，因为它们时时刻刻都在不停地蒸腾、失去水分。对于黄杨或冬青这类耐寒植物来说，常见的问题是在寒冷干燥的风中，不能及时获得水分补充，叶片就会焦干变成褐色，甚至可能因为这种干冷而死亡，这种情况在屋顶花园尤其容易发生。特别是在泥土冻结的情况下，植物的根系完全吸不上水分，植株便会很快死亡。在这种又冷又干的天气下，最好的解决方案之一是往植株上喷水，水会很快结冰，并在叶片表面形成保护膜。

但出于截然相反的原因，有时候没有风对园丁来说反而是场灾难。要是你家花园位于一个斜坡上，而且坡底有座建筑或者有堵墙，寒冷的气流沿着山坡而下，碰到墙就会像水一样产生回旋而上的涡流。要是你家花园位于坡底，或者是在一个自然形成的盆地里，一定要让风从你想要的地方吹进来，穿过花园，再溜出去。

耐寒植物能在−15℃的极端低温下存活，在−5℃的气温下能撑上数周或数月。稍耐寒植物通常无法耐受冰点以下的温度，但能经受住四五月那种常见的典型的绵延不绝的寒冷天气；而不耐寒植物则无法在−5℃以下存活。

对植物来说，我们这里漫长的秋季和春季，都是在分别为冬季和夏季做准备。这也是为什么突如其来的霜冻，尤其是在春季，会造成灾难性的后果。那些能够耐受一整个月零下温度煎熬的植物，在5月

里会因为一场区区几度的突降霜冻，折损一半的枝叶。听起来很奇怪，但夏季越是长和热，乔木和灌木的枝条才能生长发育得越成熟，届时方可更好地在寒冬里存活。

对植物来说，快速融化跟快速冰冻一样致命。细胞间冻结的水分需要时间慢慢回渗，否则细胞就会破裂，因此，越晚的霜冻往往越容易导致灾害，因为此时气温尚未来得及回升，早晨的阳光就已经热乎乎地直射在冰冻的组织上了，导致细胞间的水分快速融化酿成悲剧。

任何保护层都可以有效对付轻微的霜冻，所以给不耐寒植物、露天栽培的灌木、宿根植物甚至蔬菜盖上或者裹上园艺薄毡。地面铺上报纸、麦秆或者厚厚的一层堆肥作为隔离层，这样能够防止表层根系被冻住，对常绿植物来说这一点尤为重要。给盆栽和雕像裹上一层保护物，也能在霜冻中起到防止冻裂的作用。

特耐寒植物列表

乔木：桤属、水青冈属、桦木属、黑松、银杏、山楂属、冬青、椴属、槭树、欧洲云杉、橡树、花楸属、北美香柏、柳树

灌木：白蔷薇、法国蔷薇和原种月季（单季开花品种除外）、大叶醉鱼草、卫矛、帚石南（仅限酸性土种植的）、棣棠、十大功劳、山梅花、珍珠绣线菊、大部分荚蒾、迎春花

草花和宿根植物：大部分真正的草本植物，包括匍匐筋骨草、硬叶蓝刺头、西伯利亚鸢尾、安德老鹳草、血红老鹳草、铁筷子、紫花野芝麻、报春花、甜肺草

« 左图：冬天里的花园

攀缘植物：葡萄叶铁线莲、藤绣球、欧洲忍冬、多花紫藤

一年生植物和二年生植物：麦仙翁属、蓝花矢车菊、黑种草、虞美人、欧亚香花芥

球根植物：番红花、爪瓣鸢尾、岷江百合、葡萄风信子、绵枣儿属、雪滴花、冬菟葵

冬季的鸟

当树叶开始飘落，鸟儿和花园的关系也随之悄悄变化。鸟儿的踪迹变得更容易发现。它们姿态可掬地簇拥在树枝上。一群偷吃浆果的鸟儿受了惊，扑棱四散，重又落在小树枝上，打破了小树静静的剪影。

冬季的鸟鸣相比夏季要刺耳得多，像一系列的警报声，而不再是那种悦耳的求欢鸣叫。夏日午后偶尔能惊喜地听到知更鸟突如其来的引吭高歌，但在11月的花园，多的是那种刺耳短促的鸣叫穿插响起，像是无意中偷听到隔壁人家的吵架声。

田鸫和白眉歌鸫的到来是冬季来临的标志，正如第一只燕子的到来是夏季来临的明证。不过，燕子轻快敏捷，带着一股直冲云霄的亲和与友善；而田鸫则透着一股糅合了凶猛好战与羞怯的古怪气息。它们叫声尖锐，一惊一乍，但我就喜欢它们。它们属于这个季节。它们最爱果园里剩下的苹果，会凶悍地保卫一棵落果满地的果树，绝不让其他鸟儿靠近。它们也做许多好事儿，会捕食蜗牛、大蚊的幼虫和毛毛虫。

其他的冬季鸫鸟，如白眉歌鸫，体型略小，更精致，看起来少一点侵略性。田鸫头部呈灰色或淡紫红色，醒目易辨；而白眉歌鸫

只有在飞行中，翅膀内侧的一抹红色清晰可辨，才能据此准确无误地与欧歌鸫区别开来，不过它跟田鸫一样爱群集的特点常常会出卖它。

天　气

我们园丁必须紧密关注天气。我们的日常与之关系密切。我们抬头仰望天空，试图解读什么；环顾四周，掂量着发生了什么，之后又将会如何发展。

对于花园来说，天气既不会特别棒也不会特别糟。天气就那样。植物能调适自己，而且几乎每次都能从各种艰难困苦中自我恢复。只要种在合适的地方，大部分植物都能在各种天气下存活。

我们园丁没办法一直按部就班来做事，但也没什么关系。要懂得变通，随机应变。密切关注天气，对它有所敬畏，耐心应对。顺势而为，诅咒怨怼都无济于事。

降雨对园艺来说况味良多。霜冻产生的后果，可能需要数周甚至好几个季节才会显现。温度很重要，也很微妙。对于一个好园丁来说，弄懂这些原委，无异于大大充实了自己的园艺锦囊。

风

风总是带着各式武器耀武扬威而来，而每一座花园，根据植物种植布局和位置朝向的不同，各有各的薄弱之处、破绽所在。

要懂风。有时候它是我们的劲敌，偶尔也会是朋友，但无论如何，知己知彼，方能百战不殆。对于你自己花园里的风，你得了如指掌，了解不同风向的不同含义。

在我的花园里，南风总的来说是比较受欢迎的，因为它能很快将一切吹干，但这也意味着我们要急于到处做支撑，因为南风实在是热衷于横冲直撞。西风一贯地带来降雨，有时候是暴风雨；北风带来降雪；而春天的东风如同冰刃，极尽所能地对碰到的一切挥刃相向，包括房子的外墙。

寒风的危害在于它能使得一个温暖舒适的天气，变成杀伤力强大的寒流天气（详见第11页）。它能使叶片脱水蜷曲，植物生长受抑，变得畸形。要做好预防措施，尽可能做好遮盖。如果发现植物状态不佳，即便周围其他植物状态良好，也要好好检查受到寒风损伤的可能性。

要懂风。有时候，它是我们的劲敌，
偶尔也会是朋友，但无论如何，
知己知彼，方能百战不殆

园丁们都清楚，或者说应该清楚，自家院子里各处的细微差异。每一座花园，即便是最微型的花园，微气候都很重要。一片完美无暇的草坪，常常有那么几块，在霜冻后一脚踩下去嘎嘣脆，与此同时其他地方却都是柔软适足的。距离不足一米的两株一样的植物，会呈现迥然不同的状态，原因可能只是花园另一边的树篱缝隙中漏过来的风，吹到了其中一株植物上。

对我来说，天气好不好不是由我膝盖以上穿了什么来决定的，而是看我穿了什么鞋。要是不穿雨靴就能在花园里四处走动，那便是个好天气。要是穿着便鞋就能在花园里随心工作，能毫不犹豫地步入花境、穿过小道、踏上草坪，那便是个完美的天气。

自　然

有种传统观点认为，园艺是一场战斗，要么赢，要么输。在这种观念下，战胜自然的园丁才是所谓的“好”园丁。这种观念在某些商人的鼓吹助长下，至今影响颇深，而那些商人供应的药剂与设备，就是用来尽可能多地杀灭和打败花园里的种种生物。不管是蛞蝓、蚂蚁、葡萄黑耳喙象、羊角芹、偃麦草、胡蜂、鼹鼠、蚜虫、白粉病、蜜环菌……这个清单简直没完没了，自然的力量似乎是要蓄意毁掉我们的幸福生活。只有时刻保持警惕，当然还得依靠他们那包装精美、广告诱人的“万金油”，你和你的花园才能从悲惨困顿的境地里被彻底解救出来。

这根本就是一派胡言。是我们更需要自然，而不是她需要我们。我们与自然之间的关系，并不是一个平等关系。顺应自然，她便也会眷顾你。对自然肆意掠夺滥用，必将两败俱伤。

生存在你家土地上的生物，植物群也好，动物群也好，就如同一本由你负责的账簿。每一笔收入都必须支付相应的报酬。你从中索取的与你为之付出的必须对等，这笔账才能平。

不作恶往往比筹谋为善更重要。通常，最好的行动就是不动，你只需静观等候。万事须谦逊为之，在环境保护上也是如此。自然的运转不需要人的“帮助”。

要保护珍稀动植物。那些稀少、脆弱的离群索居者们，总是首当其冲，一旦它们消亡，便再难回来。存活下来的往往是最普通、恢复能力最强的。这就意味着，生物种类的减少比个体数量的减少来得更快，换句话说，最后会变成生物数量依旧很多、种类却极少的情况。

比起动植物的数量，生物多样性才是衡量生态环境健康与否的最佳标准。

培养昆虫。把昆虫等同于“虫子”或是“害虫”纯属无稽之谈。它们是你花园里肉眼可见的最重要的野生生物。要根据具体情况区别对待。为它们打造适宜的栖息地，供其生存所需，切勿无差别杀灭。

对真菌要抱有敬畏之心。园丁们往往会觉得真菌都是有害的。别被它们吓倒。只有极小极小一部分真菌是真正有害的，绝大部分真菌对于花园里的生命来说必不可少。没有真菌的土壤是贫瘠的。菌丝能够触及连最细微的根系都触及不到的地方。真菌与从苔藓到乔木的各种植物都有合作关系，真菌负责汲取土壤深层的营养元素，运送给植物助其生长，而植物制造糖类供真菌生长。蘑菇和蕈都是真菌的子实体，作用是散播孢子。

昆虫是你花园里肉眼可见的最重要的野生生物。要根据情况区别对待

我们得承认我们的无知，各种新发现也暴露着我们对这个世界所知甚少。各种令人震惊的新发现接踵而来，颠覆我们的认知，革新我们的观念。例如，我们现在知道某些特定的叶子里的细菌能固氮，而树木能从远达18千米以外的地方汲取养分。18千米！保持开放的心态，不要故步自封于旧知识和传统观念。

杂乱的好处

保持杂乱。草儿长得高高的，落叶满地都是，腐烂的木头遍地横陈，杂草东一丛西一簇，缝隙中杂草丛生，石头上尽是苔藓，任其自然。这些都是至关重要的栖息地，是一个健康的花园必不可少的构成

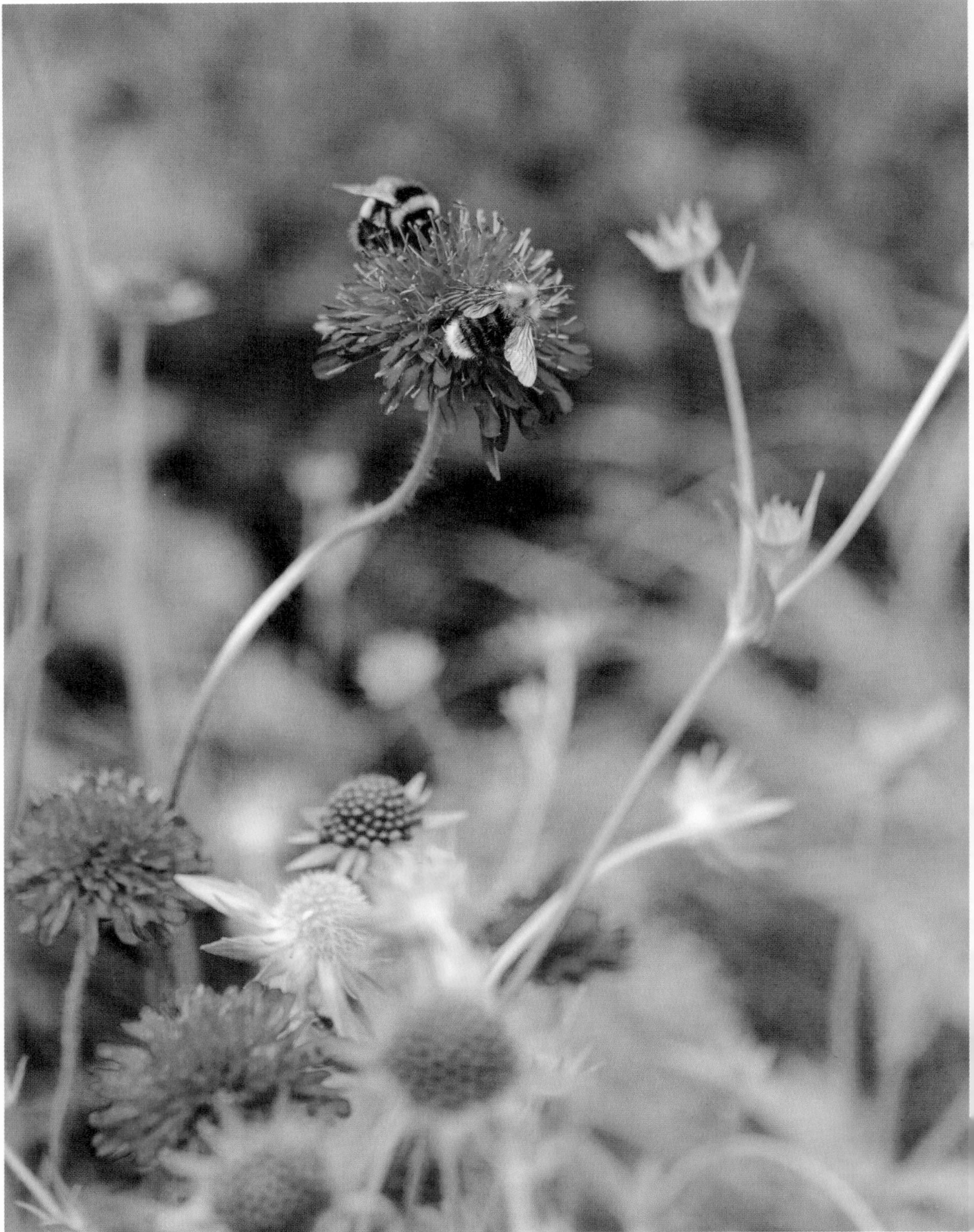

部分。

花园里得留一些随意生长的长草。对昆虫来说，没有什么比这更有益于它们生存的了。理想的状态是，有各种高度的草，提供各式各样的栖息地，不过，即便是约一平方米的长草地也能产生显著影响。

蚯蚓是衡量土壤结构是否良好和肥沃的标杆之一。在英国，蚯蚓的种类超过25种，每一种都是耕地能手。它们勤奋得惊人：在约一万平方米的地里，蚯蚓每年翻动的泥土总量为100~200吨，等同于任何一种犁的工作量。不管你喜不喜欢，我们脚下的泥土切切实实地在“翻动着”。

人们往往认为任何“打搅”我们土壤的东西，如蚯蚓、鼹鼠、蚂蚁，都是需要控制或杀灭的害虫。但是这些掘穴动物疏松了泥土，又把有机质翻进去，对土壤起着必不可少的重要作用。所以，下回你看到一只鼹鼠忙着帮你“打理”你家草坪的结构时，别破口大骂，相反对它所做的一切要心怀感激。

大多数所谓的“害虫”，与其说是灾祸，不如说是一种症状。别总想着把它们赶出花园，要想办法让它们和你的花园和谐共处。显然，你已经搅乱了这个自限自控的平衡系统，还好尚未酿成悲剧，平衡还是能恢复的，只不过不是用隔离和消灭害虫这样的方式。

养育蜜蜂。没有蜜蜂，就没有花园，没有花园，就没有人。不必为了吸引蜜蜂来造访你的花园而自己养蜂。蜜蜂喜欢花型敞开的花儿，在花园里种一些这样的花，并且要尽可能地接续花期，从春天开到秋天，那样才能一直给蜜蜂提供稳定的蜜源。

造园如修身。地球并不是一个遥远的抽象概念，它就在我们脚下。地球就是我们的后花园。做对的事，方能多赢。

« 左图：熊蜂喜欢中欧孀草

场　地

别费力把你的花园造得跟这世上某个地方一模一样。复制、窃取创意、模仿、借鉴，都随你喜欢，但务必融合场地自身的深厚韵味，造出它的独特之处。否则，有园如此，不如无园。

在你的花园里融入你的生活、你的爱、你的怪癖和小嗜好。造就独一无二的花园。

每座花园得有它自己的个性，自己的氛围，有一种切切实实、伸手可触的“举世无双”感。所以，首先应着眼于本地材料——石材、木材、植物。展现出此地的“真我”。

人生短暂，我们所造之园也不可能永恒。而此地长存。正是这样的关系，这样的对立，碰撞出了一些有趣的事情。

在这世界，我们赤裸裸而来，赤裸裸而去，带不走一片云彩——但在花园里，我们留下了自己的烙印。造一座自己的花园，耕耘一段自己的人生故事。

所有的花园都是层层叠叠累积起来的，一层叠一层，有时甚至是跨越了数百年时空的积累。也许薄如蝉翼，也许厚如龟甲，随着时间如洋葱般层层积累。你只是其中的一层。也许有一天会被别人覆盖，但它就像根，像是土壤里的有机质，终是沉积于此，继续滋养着后续每一层花园的灵魂。

就像我不希望我的卧室布置得像酒店房间，我也不希望我的花园像某个人的花园。我愈来愈渴望个性和遗世独立的特质。想要尽可能亲手打造我自己的独一无二和与众不同。我喜欢花园风格独具、自成一系，充满可以与众人共同品味的梦想和回忆，却又不可复制。

私家花园胜于那些即便设计得十分感性的公共绿地之处，在于花园本身的韵味与造园者个人感悟的融合，如水乳交融。你成就了花园，花园亦成就了你。这是园艺的终极目标，伴随着鸟儿的歌声，薄暮中树叶的摩挲声，植物、土壤与鲜活的人，融洽欢愉，淡然共处，浅悦如水。

每座花园得有它自己的个性，自己的氛围，有一种切切实实、伸手可触的“举世无双”感。展现出此地的“真我”

虽然每座花园总有一个精确的地理位置，但在时间上，它是无法定格的。任何定格的尝试注定会失败。转身之间，它便匆匆向前。我们可以也必须做好季度甚至年度的规划，并认真执行，但时间总能将每座花园从那些精准无误的控制中解放出来。时间应承着，引诱着，带着你偏离那专制的掌控，但那些转瞬即逝的片刻景致，终在匆匆一瞥中尽收于园中人的眼底。这不是它的局限，而是它的馈赠！无可挽留，无法衡量，不争不嚣。尽享此地，尽在此刻。

设　计

考虑要长远些。要有耐心。头3年也许没人能看出你在做什么——最终效果只有你自己了然于心。之后，花园会逐渐显露出它的真容。5年之后，它看起来初具雏形了。到了第7年，许多人已经看不出花园究竟建设了多久。到第12个年头，除树木之外的所有植物看起来都已完全成熟。在此之后，你会更多地进行修剪和限制，而非想方设法促进植物的生长。

种你所想。人们似乎惯于先选择植物再考虑如何养护它们。颠倒一下先后。找出那些能在你的土地上繁茂生长的植物，然后尽力把它们种到最佳状态。

不要模仿别处。要有自己的风格。别处的趣味就在于它的不同。

不要过于野心勃勃。越大并非越好，规模大小只是特性。体量改变一切。两车位车库与多层停车场在设计上的考虑完全不同。从花园的体量出发做设计。

同样道理，从大花园获得的宏大创意，提取精华后也总能适用于你的小后院。

美感最重要

美感是不可或缺的。它并非可以衡量、取舍的因素。尽力展现出全方位的美感，不要因为图方便而牺牲美感。否则你将付出极大代价。

不要新增任何丑陋的东西。对现存的丑陋部分更不能习以为常。

只要有可能就去除或改变它，实在不行就掩饰它。

缺什么补什么。我们在花园里竭力打造的恰恰是我们所缺少的。澳大利亚人或加利福尼亚人竭心尽力想要葱翠的草坪，我们中的一些人会采取各种措施，庇护原生气候与本地气候大相径庭的柔弱植物，原因正是如此。

两棵植物通常比孤零零的一棵更具趣味。植物之间相互影响、彼此补充，正是花园之所以为花园，而不是乏味的植物品种集合的原因。

去了解每一个微小的细节特征。弄清楚每个季节每天每刻的阳光变化。留意每片叶子投下的阴影。明白小径的某些路段为什么会比较滑。清楚为什么有些植物明明处在全日照环境却倾斜向光徒长。留意哪里暮色渐沉，画眉就会鸣唱。

对现存的丑陋部分更不能习以为常。
只要有可能就去除或改变它，
实在不行就掩饰它

让花园变得有触感。如此一来，你经过时就可以用手掠过或轻抚那些有质感的叶子。让花园的各部分都有被聚焦成为主角的时刻，等这个时刻过去，它们又可以做回配角沉寂一阵子。不要指望它时刻面面俱到。任何花园都不可能时时精彩。学着品味不同角落和区域，无论它们的状态是起是落。

有水景的花园在方方面面都会得到提升，无论是视觉、听觉、嗅觉、质感、光线、可栽种植物的范围，还是可吸引的野生生物种群。它还能显著提升整个迷你生态群落的健康程度。一个小缸、一条溪流甚至一个湖，都同样有效。记得给你的花园添加水景。

构架部分要早些建设好。哪怕只是在草坪四周种植树篱，也能造就一个充满趣味的好花园。等你做好心理建设要打造花境的时候，再把草皮移走。但构架设计要慎重些——移栽树篱可不是闹着玩的。

树篱和乔木可以从幼苗开始栽种。它们长得很快，能迅速赶超体量两倍以上的植物。更棒的是，幼苗真的便宜多了。

不要企图对抗“欲望之线”。每个人都会抄近路走，全然不在意是否会踩到花境边缘或穿过树篱幼苗的间隙。顺应这种需求。小径造得实用些——无论通向哪里，堆肥处、工具房、温室或是前门——都要笔直平整、易于独轮车或沾上泥土的双脚通行。但如果你希望这是条蜿蜒的缓行步道，可以造得曲折些，目的地做好遮挡——必须沿着这条既定路径前进才能发现。同时要封死所有可能的近路（参见第32页）。

种些草皮。割割草，就可算作草坪了。不要试图使它变得完美。生命太短暂。对我来说，草坪平整葱翠，割草时能嗅到青草香就足够了。

让花园充满魅力。这是造就好花园极为重要的一个方面。只有你有资格评判它迷人与否，所以发现并细品它的魅力所在吧。

在阳光闪耀处小憩。选一个每天休息时段有太阳照射的地方作休憩区。如果地方够大，任何休憩场景都可以坐一坐——无论是上班前来一杯咖啡，午间小憩或是日暮时欣赏渐逝的柔和日光。即便那只是位于花境中央的一根栖木，也足够了。

打造一个私密些的地方。感觉被注视的话，哪怕在自家花园里也无法好好放松。它也许只够放下一张椅子，但必须足够私密，进入其中，好像关上身后的花园大门一样感觉安全。这将完全改变你对花园的掌控感。

右图：写作花园的红砖小径原本是外屋的地面 »

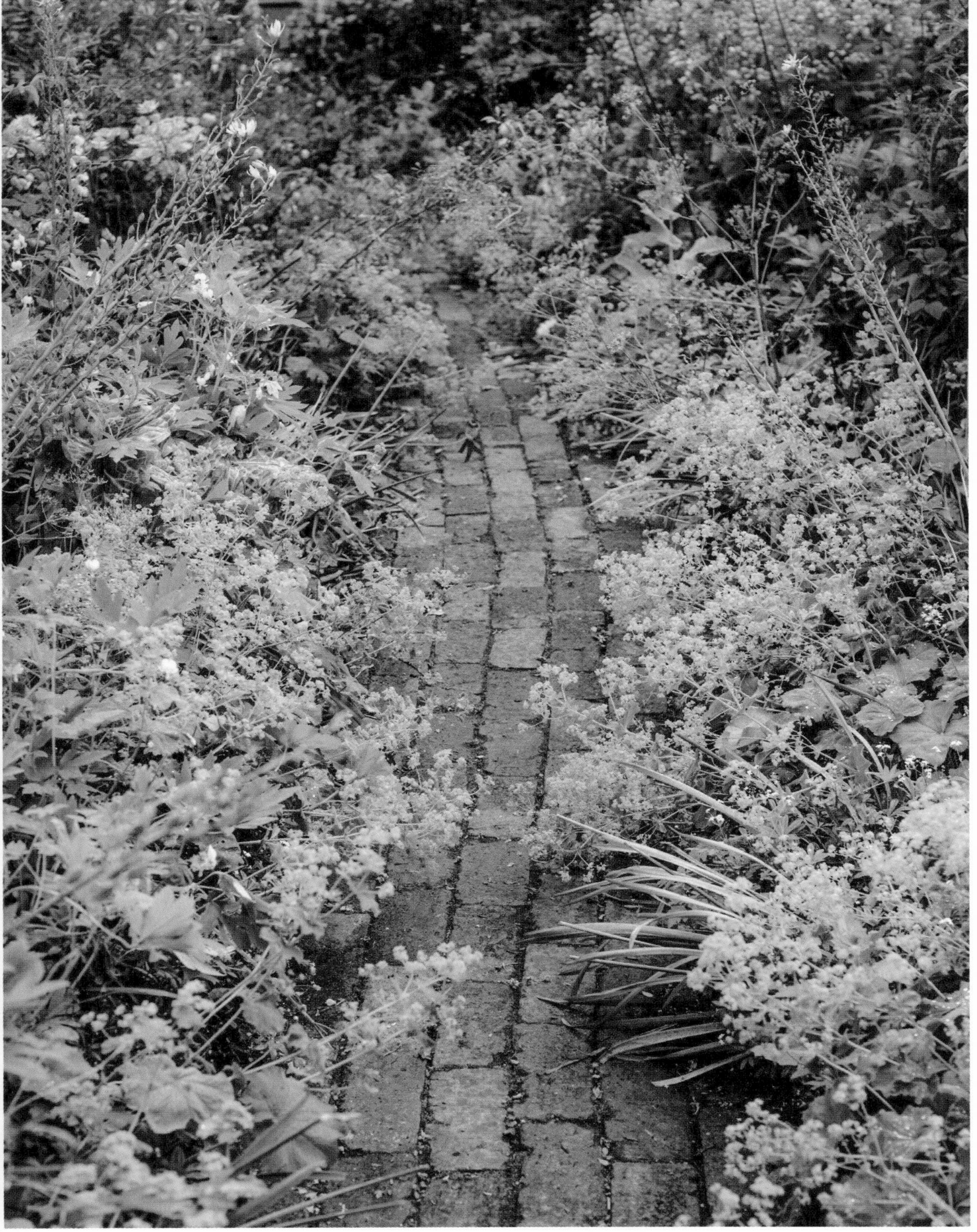

分区和隔断

空间越小就越需要填满它。花境大些，小径窄些。常见的错误是在小花园边缘一圈做窄窄一条花境，这样整体看起来反而更加局促紧窄。

大多数小花园甚至可以分区。狭长的花园至少可以用墙、树篱或栅栏分隔成两部分，以一条狭窄的小径相连，或者还有一扇门。这样一来，花园在视觉上立即有增大的效果。同时增加了层次感和多样性，打造出更为人性化的小空间。当然，这一定律也可以被成功打破。

花园中常用的尺寸参照物是一些人体部位。可以时时作为参考。1.8米是树篱隔断的合适高度。一臂展——约1.2米——对于矮树篱很合适。一步——约0.9米——是一条狭窄小径的宽度。一步半——约1.5米——是两人并肩舒适通过的宽度。

尽可能经常关注日升日落。修剪园中植物以获取更多光照——疏整树篱，剪去分枝。让阳光照进来。

竖直线条要利落。人眼通常会停留在边缘上。维持边缘的笔直整洁——包括出入口、各边缘处和开口处——包容于其内部的不整齐会因而得到提升和修饰，也就可以接受。

几乎没有哪座花园能大到容纳哪怕
一半我们想种的植物。大多数人
必须竭力缩减种植种类

量力而为。我们都会想做自己不擅长的事，来扩展自由度和提升自我意识。但你或你的花园在某些方面不太成功，恐怕是必然的。所以别搞太复杂。做那些你轻易就能做到的事，并把它们做好。

几乎没有哪座花园能大到容纳哪怕一半我们想种的植物。大多数人必须竭力缩减种植种类，限定种植风格，因为地方永远不够。这其实也是好事。大刀阔斧（参见第41页）意味着必定去芜存菁。

我很高兴地看到，哪怕最小的花园也满满地承载着造园者的雄心壮志。它们也许不完美，也许不那么整齐，甚至可能有些奇怪，但都充满个性。每当我回国快着陆时俯瞰城郊景色，或是坐火车经过一个建成区，呈现在眼前的不是一排排面貌雷同的街道，而是成千上万互相邻近却彼此迥然不同的后院。如果这意味着接受杂乱、不统一和“糟糕”的园艺方式，那么为它们欢呼三声吧。

场所感

一座好花园，首先要有场所感。想生机盎然，先要确实存在。也就是说，任何花园都得有它自己的个性，有它独特的氛围，以及绝不存在于世界其他地方的真实感。

我常听人们试图夸奖一座花园，把它与另一座较著名或宏伟的花园相比。我觉得那其实很失败。最棒、最令人愉悦的花园往往是那些分配地，就因为它们的个性化和直接。它们凌乱而拥挤，通常位于市区某个不起眼的角落，几乎都是一个生长季的短租，但每一块都归属明确，被人精心照料和呵护。

花园的无常性

花园首先是个不断变化的地方。变化一直存在，而不是在事件之间闪现。有些变化是季候天气和植物生长本身带来的，不可避免也无法控制。作为园丁，我会顺应这种变化而不是想要阻止或抑制它，因为那就像手忙脚乱地在风中摊开一张张纸一样可笑。

我希望我的花园富于变化且活跃，恰好超出我的掌控，而不是一

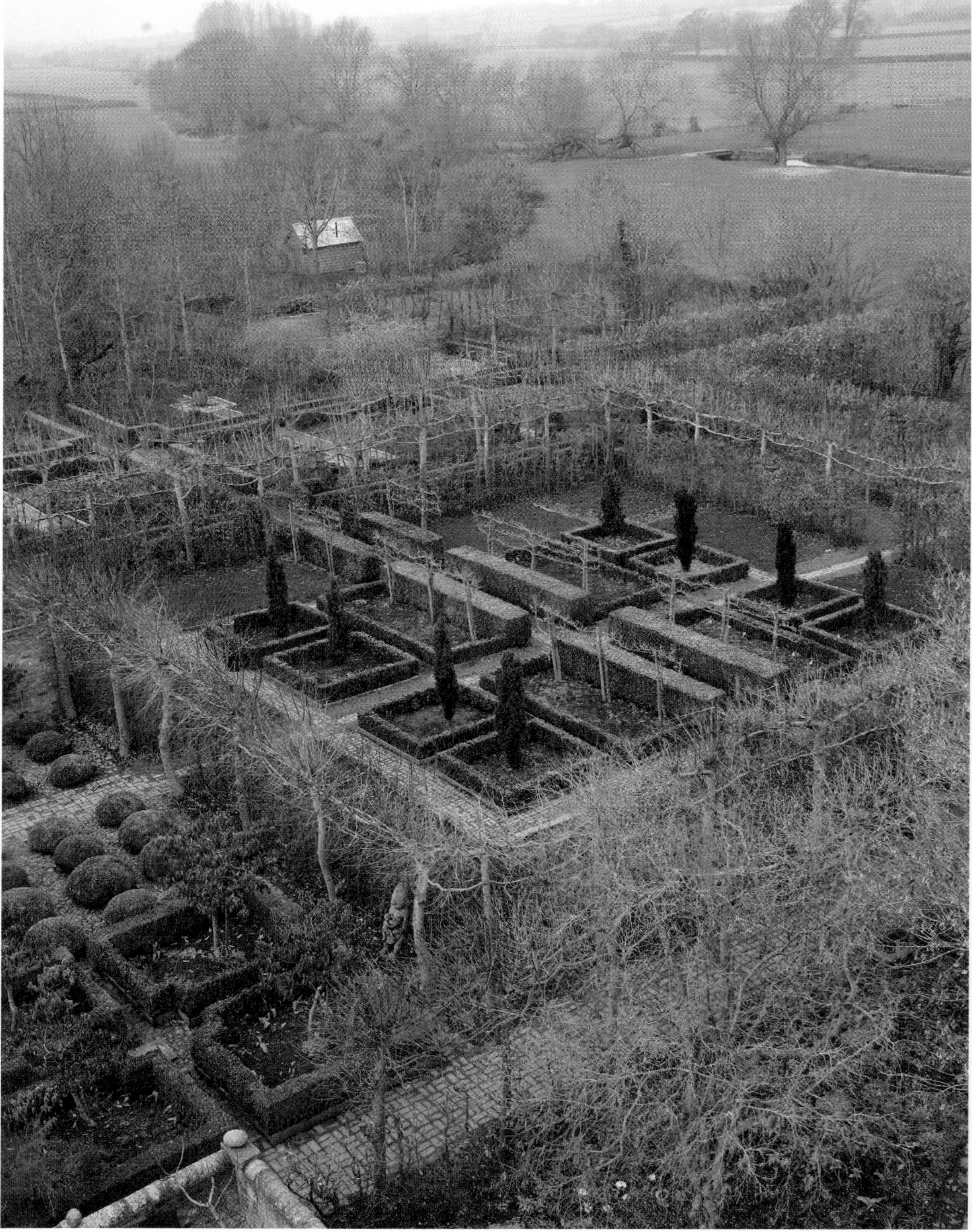

成不变。但是，正如所有优秀的园丁都知道的，没有比表面上什么都不做，而花园仍能维持你期望拥有的精神和实质更困难的了。

必须允许花园有所变化。很有可能变化并不会如计划甚至期望的那样发生。如果做对了，它会比你捉襟见肘的园艺技巧更能让花园熠熠生辉。

你会忍不住想做自己觉得应该做或者能赢得别人赞赏的事。但打造花园必须由心出发，否则头脑会抗拒它。首要的是取悦自己，否则可能最后谁也没能取悦。

有些人会从整理种植清单入手，以一个资深植物爱好者的老道加以精练完善。但依我看来，单棵植物构成不了花境或花园，就像单种色彩构成不了一幅画一样。最重要的是你如何使用它们以及它们如何互相搭配。是的，你选定了要使用的植物，反过来也表明你了解这些植物能在给定的环境里繁茂生长。但对于几乎永无休止的修改过程来说，这不过才是个开始。

换句话说，首先备好土地，决定种些什么，待植物准备到位，选好合适的种植地点，最后挖坑下地，但并不代表大功告成。因为这个游戏才刚刚开始。

« 左图：从屋顶俯瞰花园的冬季景色

步道与座椅区

花园步道分两种类型。第一种纯粹提供干爽坚固的地面，让你能快速地从A地到达B地。通往工具房或者堆肥仓的话，修建这种小径相当理想。这种小径总是遵循着“欲望之线”（参见第26页），筑造它首先要简洁笔直，或者堵死其他可能的岔路。

第二种类型的步道存在的意义在于引导你以最佳视角欣赏沿途的花园美景。它也许蜿蜒地穿过一个花境，也许宽阔到让你可以信步闲谈，或者狭窄到让你不由加快脚步匆匆而过。它也许是由村舍风格的旧红砖铺就，也许是铺满碎松鳞的野生生物区，或者规整花园里的约克石板小径。换句话说，小径的用料和设计在很大程度上取决于它的用途和周边环境的氛围。了解所有备选材料及相应效果，有助于做出最佳选择。

最后，步道应该总是通向某处或某物。通过花器或植物来打造焦点景致，更容易让人想循着小径走近它们。

座椅区

每座花园都应该有专门的座椅区，最好摆张桌子方便户外用餐。通常最理想的地方是屋后，但这并非唯一选择。事实上，要确定花园座椅区的最佳位置，要诀是想想自己什么时候以及如何使用它。

不变的规律是跟着阳光走。如果你很少清晨在户外小坐，那么选择4~10月太阳西沉的地方作为座椅区，即便这意味着它会位于花园的远端。如果对你来说，在花园里喝上一杯早茶非常重要，那么选定早上有阳光的位置。这其中的道理在于考虑那些不变的因素，尽可能地顺应它们，而不是盲目地追求方便。

每座花园都应该有专门的座椅区，最好摆张桌子方便户外用餐

虽然大多数花园的空间只够设置一处主露台或固定座椅区，但需设置多处可以整天享受阳光照耀的地方——即便只是花境中或者栅栏旁的一把椅子或原木坐墩。

色　彩

人们总喜欢使用“色彩缤纷”这个词，好像那真是件好事似的。但实际上，缤纷就算不是彻头彻尾的危险，也至少会很快使人厌倦。

花园中的色彩应该像画作或衣橱的色彩一样，小心挑拣仔细运用。有些色彩彼此搭配和谐，有些则不然。有些会吸引你。另一些你怎么看都不顺眼，却可能是别人的心头好。重点是挑选自己想要的颜色，做出明智的选择。

你的品位无需对他人负责。无论你喜欢什么色彩，沉浸其中吧。我本人喜欢橙色花朵，如果不种肿柄菊、狮耳花、堆心菊、花菱草、百日菊、金盏花、橙色大丽花和美人蕉，或者是橙色的球花醉鱼草，我会非常难受。但我有个好友完全无法容忍自家花园里有哪怕一朵橙色花朵。各色入各眼。这种事情上本无对错。只是感觉上哪种更适合你或你家花园罢了。

小心配色。不要让各种颜色细碎地分散在花境中，以为颜色越多越生动。这就像画家的用色，颜色太多很容易混乱。选择一种配色方案，保持简洁并坚持反复使用。

对比色互相增强，而相似色互相减弱并增加繁复感。灵活运用这两种情况来打造你想要的效果吧。一棵亮蓝色鸢尾或淡紫色铁线莲旁边如果种上橙色肿柄菊，会显得更蓝或更紫。同样，一组粉色带褶皱裥边的古典月季如果种在淡紫色的柳叶马鞭草或者薰衣草旁边，彼此会增加景深感和繁复度，又不会削弱整体效果。

右图：珠宝花园 »

日照和色彩

选色还得配合日照。每年每天不同时刻的日照，对我们欣赏色彩的影响比任何其他因素都来得强烈。可以参照以下规律做选择。浓郁的李子色、酒红色和橙色在暮光中看起来较美。夏末秋初时，光照方向和强度的综合因素使得它们最富丝绒感，那时它们是最美的。而粉彩色在更为清透的晨光中较美。白色在正午的阳光下会黯然失色，但到了黄昏它们会美得不可思议。

在地中海冬日的天空下，灰白、褪色的各种灰色、各种蓝色和深浅各异的沙色显得微妙而富有质感。阳光并不强烈，但明亮而清澈。而英国的冬天，当所有落叶落尽，你需要尽可能多的深绿色来对抗占主导的阴暗棕灰色调。用常绿树篱以及造型树的绿色打造花园的主轮廓，你的冬季花园也许荒凉、硬朗，但充满色彩。

同样，英国5~6月的柔和晨曦中，粉色、淡黄色和浅蓝色美到闪闪发光。而向南1000千米之外，这些颜色就黯淡不起眼了。与之类似，在西班牙或摩洛哥花园正午阳光下夺目的深蓝、铬黄和橙色，在北方的天空下则显得毫无生气。它们都必须搭配自然环境才能有效果，包括自然光。

我的花园以色彩来区分不同区域的种植风格。最夸张夺目的是珠宝花园。它采用不同深浅的宝石红、水晶紫、宝石蓝、青金色和祖母绿作为主色调，辅以用黄玉和黄水晶的亮橙色晕染的金、银、黄铜、古铜等色彩，并有大量酒红以及李子色间杂其间。

其效果浓烈、夸张且熠熠生辉。但它又少见地含蓄，直到晚春才进入繁盛期，在柔和的夜色中最为美丽。用作花园的一处醒目亮点极为合适，但拿来当花园唯一的配色就有些过头了。

是否选用某些颜色对最终效果的影响同等重要。例如，我在珠宝花园除了会用洋红（一种极度偏蓝的粉红色，几乎接近紫色）之外，完全不用白色或各种深浅的粉色。高地那里不用红色，而写作花园

（客观来说是全白色），春天会有几抹粉色和浅黄色，因为周边有粉色花朵缀满枝头的果树，果树下方则种着成千上万的洋水仙。所有的选择都要和环境相配。

绿色及其他色

绿色永不嫌多。每座花园都应以漫天的绿色为背景。其他颜色在此基础上发挥作用。白色花园其实是以白色为焦点的绿色花园。浓郁的珠宝般的颜色在同样浓郁的绿色背景上闪闪发光。绿色的变化无穷无尽，是植物配置的起始色也是结束色。如果一座花园仅有绿色，它可以是，也通常会是一个优美宁静而让人重获力量的地方。

绿色永不嫌多

粉色是最难用得恰到好处的，但它绝对值得尝试。当它与周边色调搭配和谐，不过于侵略地偏红也不会不祥地偏蓝，既不会令人甜得反胃也不会淡而无味，就会萌生出一种欢快的气氛，这是其他花色无法做到的。粉色与粉色、各种深浅调的绿、浅蓝和白色搭起来都很合适。但浅粉和浓烈的色彩搭配会互相折损。

要多做试验，允许自己犯错。我们初建珠宝花园时，用白色来代表钻石和银，但是效果不好。白色没有色感又会冲淡周边色彩。所以我们移走了所有的白色植物，现在使用如刺苞菜蓟等植物叶片的灰蓝色来代表银。

和其他要素一样，色彩也可以奠定某种情感氛围。盛夏在珠宝花园中散步，就像接上了电源，会反复充入那些珠宝般浓烈色彩组合带来的美感能量。

而几米之外，隔着长步道凉爽的绿色走廊，村舍花园则完全沉浸在柔和的粉彩之中。

各种色调的淡紫、丁香色、柠檬黄、粉色以及柔蓝色调和成舒适柔和的深浅渐变。这必然意味着它是一个温和的处所，不那么夸张和有活力，但长于静谧舒缓。色彩描绘了它的氛围。

写作花园理论上是一座白色花园。但是这样的存在多少会做些妥协，最糟的情况是完全避免出现任何颜色。在花境中过分强求使用白色其实很容易做到，尤其在你想要打造一座清新纯粹的白色花园时。秘诀是在大量各种不同深浅的绿色中加入足量的白色，如此足矣。白色的花朵要像冲浪一样乘绿而行，而不是像降雪一样浸没其中。

边缘色

有些色彩总是游走于边缘。黑色——如扁葶沿阶草‘黑’——有趣但微妙，黑色的枝干轮廓在冬日天空的映衬下有一种荒凉之美。橙色和其他热烈的颜色搭在一起很合适，但又显眼得有些不和谐。而有些色调的黄似乎就是和任何颜色都不搭。

洋红色很有意思。如多年生老鹳草‘安·弗卡德’，叶子柠绿花朵洋红，像攀缘植物一样攀爬穿过周边的植物，让周边几乎所有的植物都活跃起来，特别适合珠宝花园。但如果种在粉色月季中间，它就显得非常粗鲁。多试试。迟早你会了解各种颜色能打造什么效果，以及什么时候在花园需要用到它们。

硬质景观表面的色彩也非常重要。要像对待花境植物一样慎重选择。保持精细柔和，可能的话，某些地方温暖些。约克石或科茨沃尔德石如此迷人，主因是它们的颜色。围墙应该经常粉刷，但最好作为背景而不要成为彩色景致本身。深浅的灰色、绿色和粉色很合适，但蓝色一般就过于强烈抢眼了。

右图：大阿米芹是白绿配的精妙典范 »

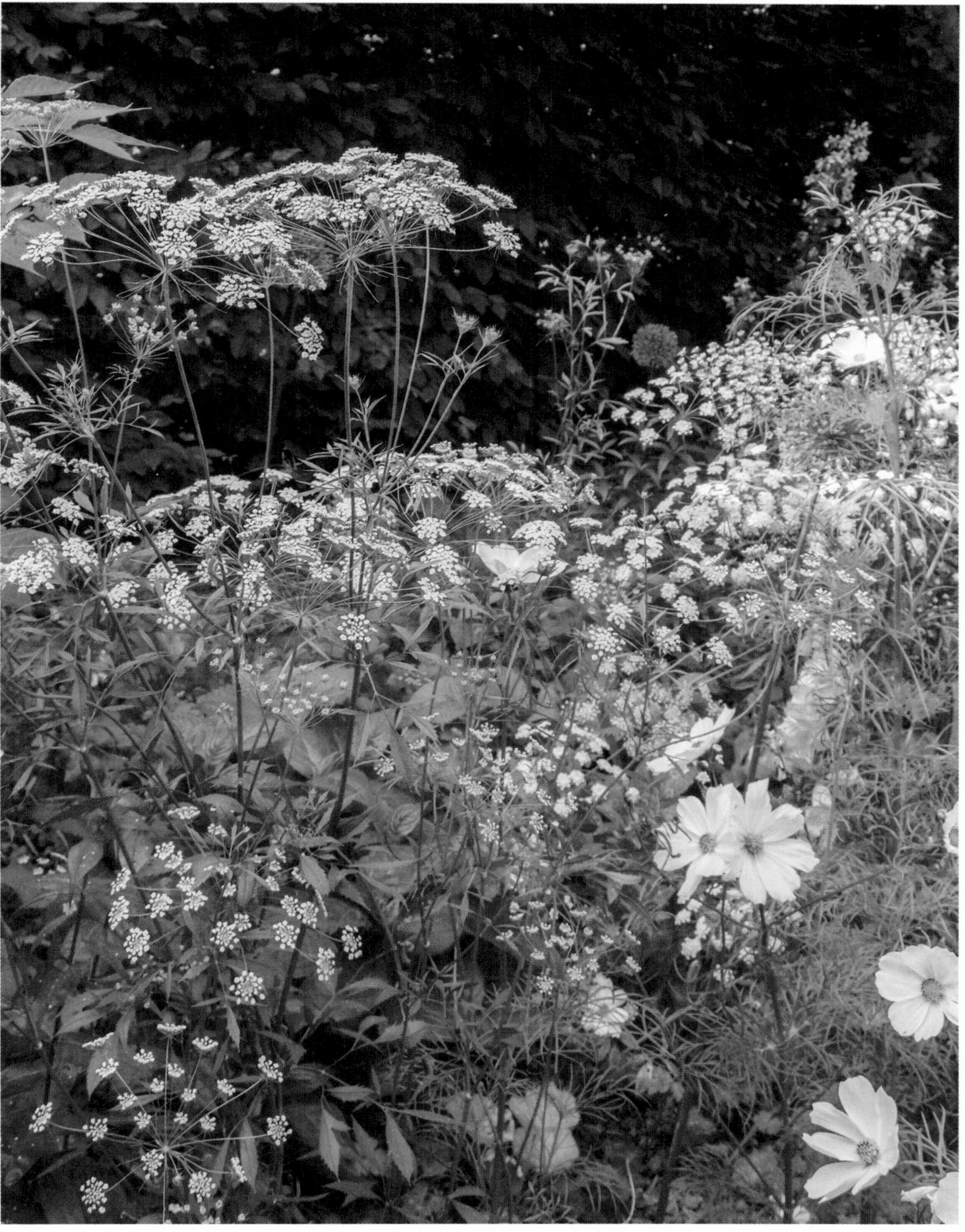

新 规 划

在开始考虑你家花园的愿景之前，你得先了解它现在的状况。

这需要几个步骤。首先要实地看一看。事物一旦变得熟悉，我们会很快无法恰当地审视它们。要披沙拣金，仔细分析你想保留什么摒弃什么。所以到花园里走走吧，理性地审视它，就好像初次见它一样。

接下来从各种角度多拍些照片。相机会让你看到大脑一扫而过或过分注意的东西。

做好计划，把所有你确定不想要的东西都去除掉。不要因为一念之仁留下任何东西。不要因为它已经存在就保留下来。在这一阶段，合适的植物出现在错误的地点也要加以去除。

测量花园的尺寸（也可以简单地步测一下），画一张精确的等比例缩略平面图，把现有事物的位置都标注出来。这件事可能相当令人望而生畏，但我强烈建议你试着做做看，因为只是过程都相当有启发性。各种东西的排布间隔不可避免地会让你惊讶。我保证你会发现有些地方的空间大小和你以为的不一样，也许花园比你想象的长得多或窄得多或方得多。只要把它画在纸上，你就会发现真相。

如果你现在手头上有花园精确的缩略平面图——哪怕它看着空荡荡的，只有一个旧工具房，几棵乱糟糟的灌木和一些劣质草坪——就可以着手用你的梦想和各种点子填满它了。这个阶段使用描图纸会是个好主意，因为这样原始图可以保留下来，不带任何标记并且可以拿出来随时做参考。这也意味着你可以用描图纸画许多版本，直到你觉得所有地方做得都恰到好处，令人满意。

一旦对纸上的设计满意了，就可以用藤条和粗白线把平面图上的规划转移到实地。之后，从楼上的窗户望下去看看整体效果，多放置几天看看。可能在纸上看起来很好的点子转到土地上就不是那么回事了。小径可能需要拓宽些，或者调整曲线或角度。做些调整然后再看看。慢慢来。现阶段修正错误比以后再改可方便多了。

看看本地什么长得好

看看附近什么植物长得好——这绝非偶然。如果有松树、杜鹃、茶花和帚石南，那么附近应该是酸性土壤，那些喜碱性的植物如薰衣草、迷迭香、丁香或紫杉就很难长好了。反过来，如果附近有许多春季开花的灌木，如鼠李、铁线莲、薰衣草和山梅花，那么你想种喜酸性的植物就比较困难了。

必须正视花园的土壤、方位和气候。花园不可避免地要受所处地域的影响，即便是不会立竿见影，从长远来说也是必然。如果花园不能配合自然环境而建，那么它是不可能走向繁盛的。需要温热气候条件的植物在冰冷多风的地方长不好。而那些需要充足水分的植物，在降水量极少、土壤排水顺畅的地区也别想久活。

当然，你可以打造如池塘或砾石花园这样的人工小环境。但总体来说，最好还是选择那些能在附近地区繁茂生长的植物。

修改，修改，不断修改

很多花园之所以不成功，原因不是尝试的元素太少，而是太多。选定最想要的一种元素作为中心主导元素，即便这意味着你不得不排除其他想要的东西。

会有一些妥协，还要做大量的改动。秘诀在于保持花园的核心功能突出且明确，排除所有次要的东西。

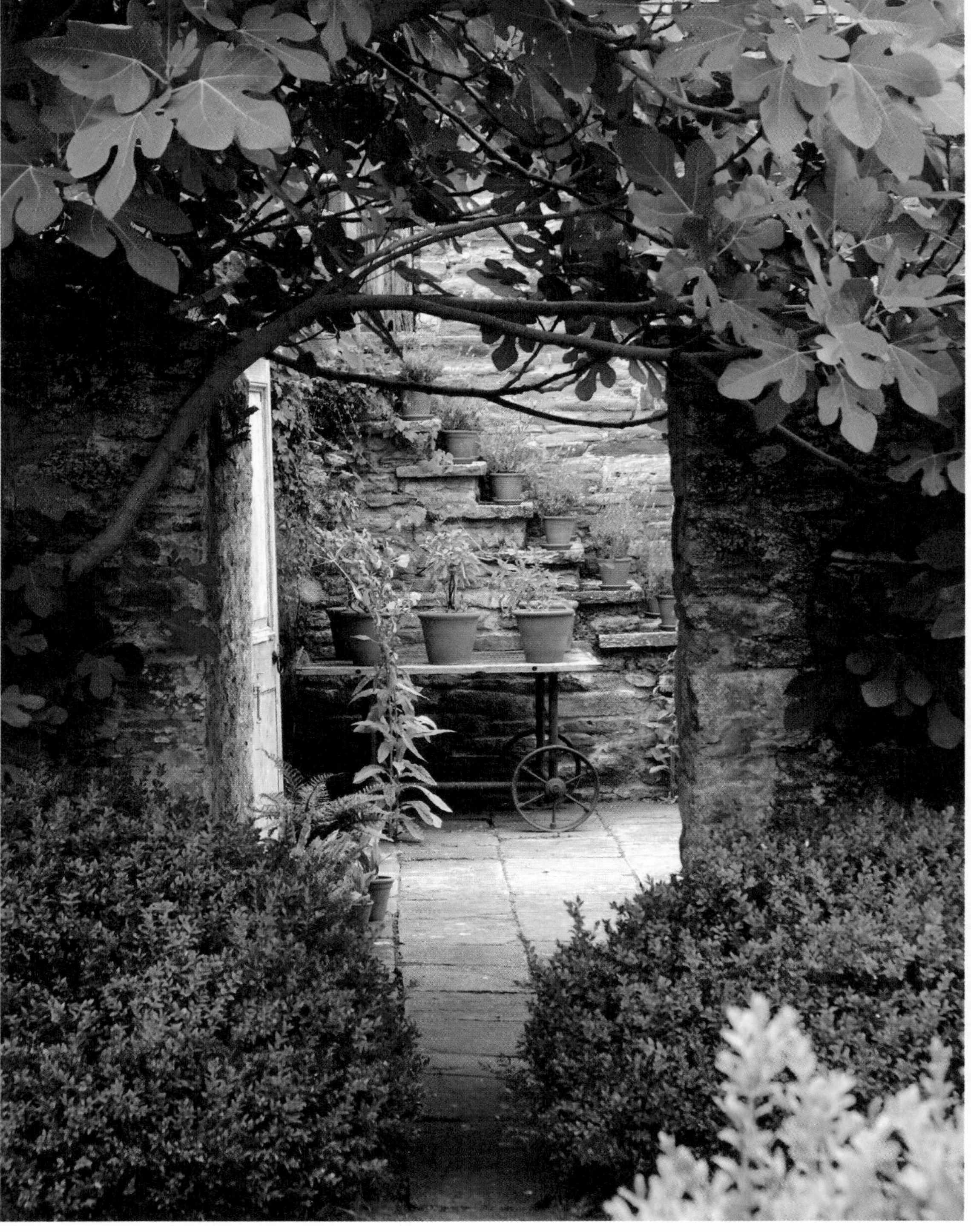

所以如果想造村舍风格的花园，就要打造大花境，栽满柔和混搭的粉彩色系花朵，穿插以香草、果树或者还有蔬菜。

如果想要规整优雅的花园，就要让它保持对称、极简，并具有平衡感。避免出现杂色和撞色。

但得记住，你想要什么样的花园才是最重要的。挑战某些所谓“好”花园的思维定式吧。你真的想要草坪吗？如果你有孩子，那么它几乎肯定是个好主意。但在一座小型花园里，草坪要保持优美的外观，维护起来会很麻烦。硬质铺面区同样很开阔，而且表现更好，地面一年四季都能坚固和干燥。

同样，不一定得种观花植物。我见过很多纯粹绿色但美到眩目的花园，完全没有花朵。

设计上不要怕尺寸太大。大多数花境都太小了。打造时尽可能大些。只种几棵大型植物会让空间显得较大，反之，种许多棵小植物会让空间显得拥挤不堪。

分区和规则

保持花园结构简洁、布局整齐很重要，而且几乎所有花园都可以做分区。大多数情况下，使用显眼的墙、树篱或栅栏（参见第26页）就能起到令人满意的效果。

当然，分区其实可以更巧妙些。一组盆栽，让人不得不绕行，就可以引导你步入另一个长有某个特别品种或花色的种植区域。巧妙定位的观赏草或灌木，可以间隔色调或节奏变化的不同空间。用阶梯打造变化的平面而不是单纯的斜坡，也能打造新空间，并带来可能的植物配置上的变化。

无论你怎么做，务必把花园当作一系列有内在关联的空间，而不

« 左图：从围墙花园望向庭院和通往上方的阶梯

是一块完整的画布。可以与之完美类比的是房子。几乎没有人会在一个大房间里吃、睡、洗、烹、憩，尽管这样可能效率惊人。花园也一样。把它打散分区吧。

增加高度

不要怯于增加高度。小型乔木如海棠、槭树和樱树，可以在冬春重剪的高大草本植物和观赏草，爬满攀缘植物的独立柱子、凉棚或凉亭，都可以起到这样的效果，即便空间相当紧窄。

花钱筑造高大坚固的栅栏是很值得的，因为它在提供私密与庇护的同时，还可以像花境一样作为群花盛开的处所。栅栏不必密不透风。坚固栅栏上方的栅格有支撑的作用，过滤风的同时让你和邻居仍能保有一丝联系。

全季候的计划

我们想象中的梦想花园，往往处于盛夏或天气极佳的情况下。那一天确实存在，但现实很残酷，更多的日子往往是多云刮风和下雨，植物也长得很慢。

在最阴冷潮湿的冬日，花园也能表现完美的造园要诀是，必须有硬质景观和修剪造型的常绿植物打造的良好构架，包括造型树、低矮树篱和树叶落尽后的枝干轮廓。构架的构建方式取决于你选择的花园风格。但记得从一开始就要为冬天做好打算，而不是只考虑你最爱的繁花盛开的季节。

这同样意味着，要确保当其他植物不在状态时，仍有一些植物可以继续吸引你的注意力。春天早花的灌木和乔木、秋天叶色绚烂的灌木和攀缘植物、树皮颜色明亮的灌木、密植早春开花的盆栽球根植物、成熟快又耐受风雨的植物如草类——以上这些植物都能大大延长观赏季。

备土

用来备土的时间都是值得的。翻挖所有打算种植的区域——包括拟建草坪的地方——至少挖一铲深，把土都打碎。之后把堆肥或腐熟的有机肥铺在上面并略微耕入土中。园中植物的生长速度会因此加倍。

新建房屋的花园土壤必然板结，这是因为修建时使用的重型机械。这些板结的土壤表面一般有一层薄的表土或草皮，或两者皆有，但板结状况不会自行消失，因此所有植物都无法在上面生长。

无论你出于什么原因无法或不愿意翻挖，至少要盖上厚厚一层优质的花园堆肥或腐熟有机肥，以增加肥力和改善土壤结构。

新规划要点速览

1. 看看邻居家什么长得好，就知道什么植物在你家能长好了。

2. 仔细盘点花园现状，确定方位，画一张精确的缩略平面图。比例尺是1：50或1：100。在此基础上描绘你所有的创意。

3. 为全年制定规划，而不是仅仅考虑盛夏。

4. 把整座花园都利用起来，包括垂直面。

5. 分隔规划——把规划细分成数处独立的区域。

6. 小径应总能引导你到达某个特别的地方，为它们设置焦点景观。

7. 把休息区设置在花园的最佳位置，而不是随意地设置在后门外面。

8. 打造大花境。

9. 保持简洁，无情地删改。

小型城镇花园

大多数人都住在土地稀缺的城市或城郊，但大多也会拥有一座小花园。随着人口稳步增长，这些花园也变得越来越小。所以常有人向我指出——有时并不那么友善——我的花园太大，跟“正常”的花园毫无关系。

但园艺的乐趣并无高低贵贱之分。最微小的花园可以和最宏大的花园一样有物质和精神上的意义。小花园加倍珍贵之处恰恰是因为它的微小，里面所有的事物每日都被珍爱着，细心照看着。而且小花园规划得当并小心拣选植物的话，无论是本身格调还是你对它们的期望，都会格外强烈和令人满足。我见过太多相当空洞无物的大花园，也见过太多迷人的小花园，置身其中极为舒适。

该舍弃些什么

在打造你的梦想小花园时，首要的是知道哪些东西该舍弃。小空间不可能具备所有功能。如果把太多想法、植物和功能塞进去，它就成了大杂烩。

保持简洁扼要。那些最成功的小花园往往是把一件事做到了极致。如果在花园里坐着看书是你概念里的天堂，那么整个设计就要围绕这个理想进行。如果你想在户外就餐娱乐，那么休息区要能放下一张桌子，其他功能以此为中心。如果你喜欢收集某一类别的植物，那么要把花园小环境打造得适宜它们生长。如果你的孩子需要玩耍的地

右图：阴凉环境中繁茂生长的玉簪、荚果蕨和欧报春 »

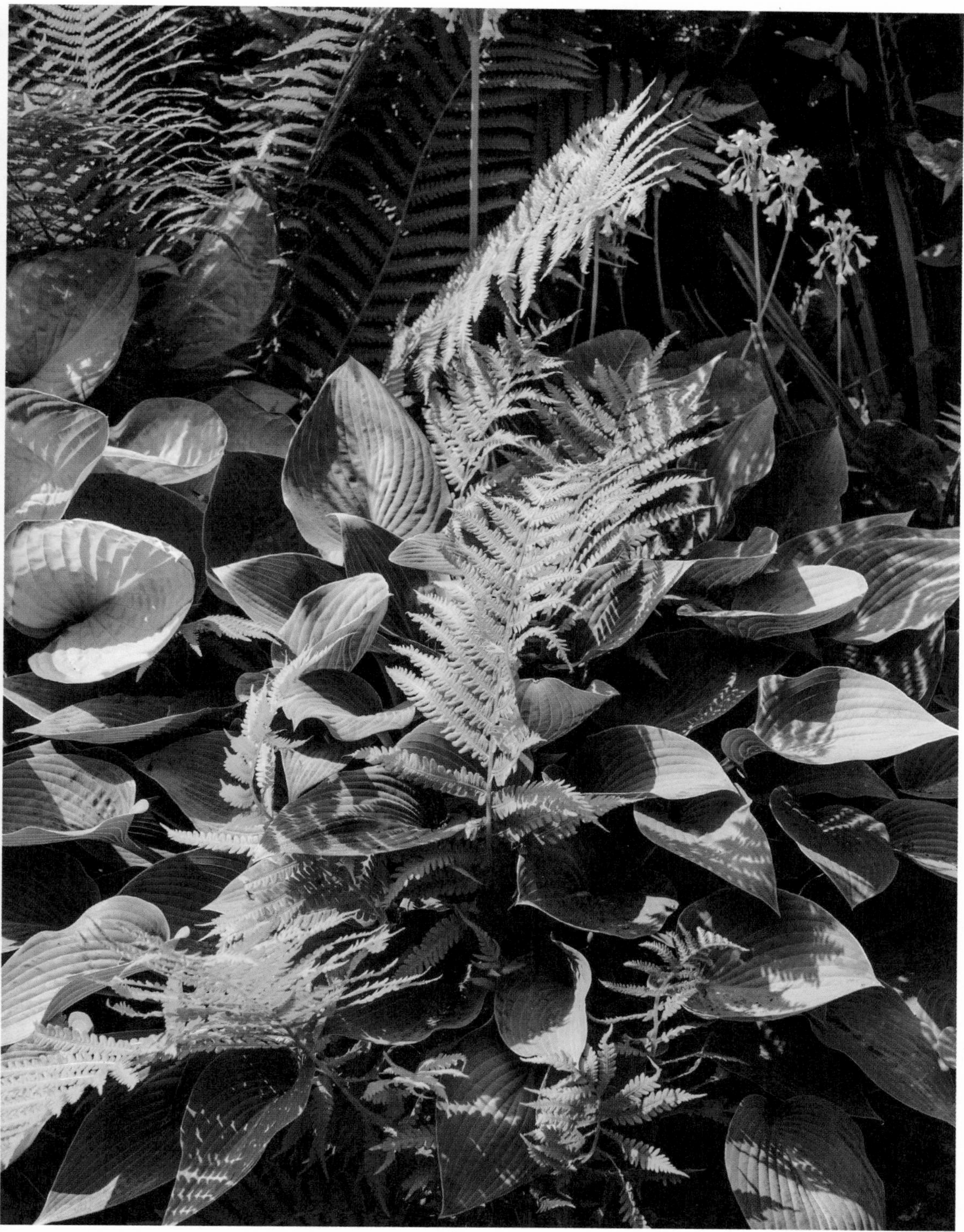

方，那么你就要舍弃掉比较珍贵的植物。如此等等。目标明确，大刀阔斧地决断，并坚定地执行。

这一规则同样适用于打造花境。确定你想要的效果，是种上郁郁葱葱的多年生草本植物，清爽十足的观赏草，还是多产的菜地？然后专注于这个效果。这样照看起来也相对简单和轻松，因为所有东西的属性类似。

这并不是说不能有多样性和小惊喜。事实上，不这么做可能会很沉闷。但多样性和小惊喜必须为核心主题或理念服务，而不是与之背道而驰。

对于小花园来说，季节性变化接连发生而不是同时发生，效果最好。要以四维来做种植配置：高度、宽度、深度以及时间。种上球根、一年生植物、观花以及观叶的攀缘植物——所有可以延长花园观赏时限的东西，将有限空间的潜力发挥到极致。

顺应时势

第一，种你想种的。选择那些可以在附近地区繁茂生长的植物(参见第41页)。

如果花园的日照较少，一天的大多数时候都十分荫蔽，要把它当作优势，专注种植那些喜荫的植物。蕨类、常春藤、十大功劳、黄水枝、仙客来、玉簪、耐寒老鹳草和香猪殃殃都是在相对阴暗的环境下生长繁茂且外观华美的植物。

第二，好好备土。小空间最奢侈之处在于即便需要较多的努力，也不需要坚持很久。很多新建的花园土壤板结得可怕，薄薄的表土之下埋藏着大量建筑垃圾（参见第45页）。为打造花境做些恰当的准备，清理碎石，缓解板结状况，并加入大量有机肥。希望有限的空间能有大产出，就必须付出很多努力。

除非想为孩子保留一块玩耍的区域，否则在小花园里保留草坪通常也不是个好主意。不值得为了修剪它们而添置一台割草机，而且一块乱糟糟的草地永远都会是乱糟糟的。

小后院我见过的最常见错误是，草坪占去了几乎全部空间，只在栅栏底下留一小条30厘米左右宽的土地。这只会凸显空间的小。如果你想保留草坪，可以把它独立出来，在花境之间铺一条小径通向那里，又或者在圆形的草坪周边种大量植物，制造一种空间比实际大很多的错觉。

不种草坪，用你想要的材质做硬质景观铺面区域效果可能更好——块石、砖块、鹅卵石、石板或其他任何你喜欢的材质。硬质铺面区域作为休息区更为实用，所需维护也更少，而且也是摆放盆栽的理想处所。

并不需要很开阔的区域。整个花园可以栽满植物，只留一条狭窄的小径通向一个小空间，能放下几张椅子、一张小桌，于是你就可以在色彩和花香的包围中小坐休憩。这并无定则，只需要遵循你在意的那些即可。

盆栽

小花园可以摆放许多小盆栽，也可以只放几个大型盆栽。如果你能无情地精挑细选，特大号的物品或植物一样可以看上去与小空间的环境极为协调。如果看着并不特别合适，那么去除它吧。每一个物件都必须合你心意。确实没有空间容许任何妥协。你要不断质疑自己，每一棵植物、每一块铺石、每一个盆栽，是不是所在处所的最佳选择，是不是虽然很好却不得其所。

我们中的大多数人选定的材料受限于某个范围，而并非实际的最佳选择。金钱、时间、精力有限，我们只能在能力所及的范围做到最好。但花园越小，这种局限越少。

要不辞辛苦、保有耐心。宁可什么都不用、再等等，也不要使用不合适的材料。打定主意每时每刻都保持不犯错，但也要做好准备不断改变以达到完美。这种对细节的极度关注是照管小花园的核心精神。

分区

再小的花园，也可以划分为多个更小的空间。一座狭长的城镇花园可分成2个甚至3个较小的正方形或长方形的空间，之间以小径相连。一个方形露台花园可以分成两层。一个空旷的长方形花园可以有一个冷静克制的开阔区域，通向一个密集种植的区域，反之亦可。并不是非得像这样分，只是你可以考虑一下把你的小型城镇花园细分成独立区域有什么好处。

再小的花园，也可以划分为多个
更小的空间

隔断可以是不透风的砖墙，也可以是常绿树篱如黄杨或紫杉，或者是半固态的落叶树篱，冬季有通透感，可以透风，甚至可以是矮树篱，视线可以越过但走路必须绕行，抑或是镂空透视的格栅。任何类型的隔断都可以吸引你进入另一个空间，同时也区隔了不同的植物或色彩配置。

当然，花园的每个小空间与整体必须和谐一致。它们不是拼布被子，但如果某个区域本身不够和谐或者因某部分糟糕的种植配置破坏了效果，整个花园不会因此毁掉。这种手法也有弊端，它比一个更为统一的方案更费工夫，更耗时费事。但小花园的魅力在于，你投入的时间越多，它的表现越好。

大方些！

人们在设计小空间时最容易犯的错误，就是以为里面的物件也必须很小。反过来倒往往是对的。几棵大型植物能让空间显得更大，而许多棵小植物只会让空间显得拥挤不堪。很多小型乔木如海棠、槭树、樱花树种在小花园里也很得宜，每个花园都应该考虑高大植物，尤其是那些在冬春可以重剪而不会过度抢眼的多年生植物和草类。

每一个狭小空间都要利用起来种上植物。墙上的裂缝适合百里香一类的香草、匙叶南庭荠一类的观花植物以及飞蓬一类的小型菊科植物。而地上的拼铺缝适合匍匐型的薄荷（如科西嘉薄荷）、柔毛羽衣草、岩玫瑰、金钱半日花等。

攀缘植物

小花园里的围墙栅栏和大花园的一样高，水平面积相对较小，这些垂直面的重要性因而得到提升。每一寸墙面或栅栏都要利用起来。这也带来了更多私密感——哪怕被遮掩的只是一个单椅——想在自家花园里完全放松，私密性是必需的。

把攀缘植物种在离栅栏或围墙起码半米的地方。这样它们会长得好得多。但它们之间可以近些，一米左右就够了。只要错开花期就可以避免它们互相交叠。所以一棵阿尔卑斯铁线莲可以和一棵8月开花的葡萄叶铁线莲穿插在一棵爬藤月季中间。

在月季‘贾博士的纪念’侧边的荫蔽墙面种上常春藤和藤绣球。把它们混搭在一起打造充满色彩和香味的柔和绿色屏风。要是我的话，还会搭建结实的格架来做支撑。

在花园里，塔形棚架可以支撑一年生藤蔓植物如香豌豆、电灯花、旋花科植物（牵牛花）或智利悬果藤。它们同样也都可以盆栽。

晚花型铁线莲如葡萄叶铁线莲可以攀爬灌木或格架，每年都要重剪以防它过度扩张势力范围。小花园一般都有较好的遮蔽，所以芳香宜人的素馨属植物、络石和小木通可以长得很好，而大花园可能就过度暴露了。

适合小型花园的完美乔木

在小花园里，一棵树必须效果极佳才能证明自己适合所在的空间，所以要谨慎选择。日本枫（鸡爪槭）边缘精致的叶子闪耀着秋日的色彩，堆叠成矮丘状，极好地符合了上述要求，是理想的小花园乔木。它适合地栽也适合盆栽，只要不受干风的侵扰，有恰当的环境湿度，就非常容易养活。它不喜欢白垩土或石灰岩，排水良好的、肥沃的、中性至酸性土壤很适合它。鸡爪槭‘紫红’的成株可以长到约6米高，而羽毛枫边缘精致的叶子为这种本来就结构繁复的乔木更添了一层纤巧感，难怪日本人对它推崇备至。

槭树一般没什么特别的病虫害问题，当然叶子也会因蚜虫啃噬而致畸。对于所有槭树来说，最大的问题是风吹导致的焦枝。如果你住在海边常有咸海风，这种情况特别常见。把槭树种在有遮蔽、早上太阳晒不到的地方，这样它们不至于在霜冻天被阳光灼伤，最要紧的是，避免了干冷风的侵扰。

水景

即便是小小的水景也能给整个花园带来改头换面的变化，增添声响，注入活力，闪动粼光，还能给一系列植物配置提供环境。阴暗的墙面上可以打造简单的小瀑布，从水嘴倾泻而下，汇入水池，再用泵将池水抽回到高处，如此循环不止。这样一来，它又成了喜阴湿的蕨类理想的生长环境。困顿区域摇身一变，成了吸引人的景致。

如果你更有野心，完全可以打造一条溪流，配以水池、假山和小跌水。只需一个从顶端到底部的高低落差就成。平坦的地方也可以打造，只要让池塘的循环水回流到行程顶端的溪流底部，然后再用石头和鹅卵石布置跌水或溪流，让它看起来自然。溪流可以蜿蜒曲折流经数个花境或自然景观，也可以像运河一样笔直。

打造野生生物池塘的原理也是相同的，用防水内衬（参见第80页）沿着水流铺设，边缘用土和岩石遮盖。放置在溪流内的石块会打断水流，当水汩汩流过时，水流声因而增添了几分质感。

当然，哪怕最简单的流水水景也一样能给人极大的满足。装着卵石的容器中升起的小股水流冒出水面，回过来冲刷卵石，再流入下面的一个小蓄水池，周而复始。简约的陶缸装满水，中心喷泉冒出表面，再回流入蓄水池。水缸放在支架上，下方是沉陷的蓄水池和一根硬质水管，水管穿过缸底的一个孔向上供水。

日本人比任何其他文明都精于打造精致小庭院的艺术，惹人喜爱的“鹿威”（ししおどし）这一庭院小景在他们手中得以完善。一段竹筒被水平地穿铰在另一根上，较粗的竖直部分里面暗藏了一条水管，从隐藏的水箱中打水上来。这些水从另一个较细的竹筒出水口流出，洒到被铰着的竹筒上。水流下的重量使得竹筒垂下，水也随之流出来，在自身重力作用下弹落，敲击下面放好的石头，竹筒也发出音乐般的一声“啪嗒”。发声的时间间隔可以随心设置，因为这取决于水流的速度，很容易调节。

你想在花园里打造哪一种水景都可以。秘诀在于驾驭与流水如影相随的音乐般的乐感元素。它不仅能令人兴奋，也能令人沉入深层的宁静之中。

这些小型但有效的水景最好搭配简单的植物，以绿色为主色，增强流水的凉爽感和感官刺激。亮色会扰乱和减弱这种冲击。

我喜欢在荫蔽的地方搭配水景和蕨类。以下的这些蕨类效果上佳。

欧洲鳞毛蕨有着优雅的拱形叶子且喜荫，不择湿润或干燥环境。

铁角蕨属蕨类，或称脾草（旧时曾用以治疗脾病），它们平坦的叶子看起来像海藻，不同的种大小不一，从微小的铁角蕨到尺寸夸张的厚叶铁角蕨。它们在潮湿荫蔽处生长极佳，而且可以在石缝和砖缝中生长。

蹄盖蕨属蕨类，或称淑女蕨，如本地原生的蹄盖蕨及各种园艺品种，需要土壤有一定湿度。

羽球蕨学名荚果蕨，样子很夸张，但一旦扎根就很容易养护，冬天枯萎只剩棕色多节的枝干，到了春天枝干上又会舒展出一米多高的叶子。

铁线蕨属蕨类如细叶铁线蕨，有着纤细闪光的叶子，做地被极好。

硬乌毛蕨（俗称硬蕨）和欧洲羽节蕨（俗称橡蕨）都喜欢喷泉附近阴暗潮湿的空气。

右图：在围墙花园的西墙上攀爬着的月季‘卡里埃夫人’»

小型城镇花园要点速览

1. 清楚自己希望从花园获得些什么。小花园通常很难胜任一项以上的功能，但完全可以打造成一个美观且极为舒适的空间。

2. 保持简洁、避免杂乱。如果想种很多不同的植物，那就打造大花境，但同时你要接受剩下的空间几乎做不了什么的情况。否则的话，就只种一类核心植物，遵循单一的配置方式，让它们呈现强烈的风格。

3. 不要犯错。花园越小，妥协的空间就越小。这不一定意味着需要花更多的钱，但通常需要多花一点时间来弄清你确切想要的效果。

4. 永远从休息区开始设计，为它选定花园里的最佳位置，其他功能围绕它展开。它不必贴近你的宅子，但必须要让人感觉放松，有和煦的阳光并有一定隐私感。

5. 尽可能多地利用垂直面，无论是种植攀缘植物或是作为花境的一部分。最迷你的花园几乎和最宏伟的花园有同样多的机会做立面种植。

6. 小花园起初要种得拥挤些，随着植物的生长间除一部分。否则起初的几年会有暴露的裸土。

7. 不要落入小而多的陷阱。大尺寸的植物、花器和材质能让小空间看起来大得多。

8. 我们可以借鉴任何花园，无论它大小形状如何，把那些创意应用在自家花园里。可以是一种植物组合的方式，或某些台阶打造的方式，或一种攀缘植物牵引的方式。无论你家的花园有多小，总能学到一些东西。

村舍花园

村舍花园洋溢着魅力与纯真，夹杂着恰如其分的遗世感。不论在城市还是乡村，村舍花园都意味着卓然的效果，飘逸轻柔，色彩与香气喷薄而出。如果你想从现代生活的铜墙铁壁中解脱出来，全然归隐到鲜花环绕之处，那么，在众多风格的花园之中，村舍花园是最好的选择。

在21世纪，村舍花园的风格虽然稍有变化，变得更为柔和且更加易于打理，但它的核心精神依然是混合栽种，不管是蔬菜水果、香草植物还是观赏花卉，全部不分彼此地种在一起。

打一开始，村舍花园就没什么严密的规划可言，作为够格的现代村舍花园，秘诀就是让它看起来浑然天成，找不出一丝精心设计的痕迹。布局无关紧要，关键在于得让花园里的植物营造出一种假象，让人觉得此处无人照管。

关键要素

首先从花园周边的大块花境开始规划，最好能在边上辟出一条小径，方便穿行，让人得以漫步在色彩与芳香之间。简而言之，就是用一条窄道贯通花园的中心和边界。我在伦敦的花园就是这样的，转眼已是三十余载。

小型城镇花园非常适合这种简单的布局，重点是避免复杂的设计。小径不论曲直（我有一个法则，通往花境的小径可以曲折蜿蜒，但功能性的路，如用来连接甲乙两处的通道，必须是一条直道），简单就是美。小径要尽可能狭窄一些，并且和花园整体的种植布局相配合。小径要有明确的目的地，可以通往休息区之类的地方，如一座凉亭，环绕着馥郁芬芳的月季和金银花，充满了质朴的乡村气息。

村舍花园应该营造一种氛围，好像是植物接管了花园，蔓延在每条小径、每寸墙面、每道栅栏，攀进了所有敞开的窗户。不过有句忠告：园丁一定要硬下心肠，按照绝对严谨的方式进行修剪和清理，即便如此，也只能维持3个多月的效果。否则，那些狂野的植物就会野蛮生长，侵占整个花园，所有更为娇贵的植物就会难觅芳踪，集体覆没。

混合栽种

不必为香草或者蔬菜设置独立花床。不管是小型树丛、灌木、花卉、香草、水果还是各类蔬菜，全都用大花境进行混合种植，这样就能轻松享受真正的村舍花园风格。通过这样生趣盎然的混植，还能避免单一栽培时常见的病虫害问题。

香豌豆攀上了旁边的支撑棚架，与美味的食用菜豆打声招呼。苹果树春花夏荫，秋果累累。月季和红醋栗在花境里难分难舍，就像食用大黄和观赏大黄一样相亲相爱。我扩大了村舍花园的花境，让欧芹、红叶生菜和康乃馨还有报春花一起生长。

像薰衣草、迷迭香、鼠尾草、莳萝还有茴香这类香草，都是很有用的厨房香料，它们很容易融入典型的村舍花园植物群落，代表植物有毛地黄、耧斗菜、斗篷草、石竹、蜀葵、羽扇豆、飞燕草、福禄考和月季。不过薄荷是个例外，最好让它永远呆在盆里，否则整个花境会被迅速占领。

右图：村舍花园里的植物营造出一蓬蓬柔和的质感与色彩 »

色彩配置

村舍花园的色调得非常柔和。主色调应该是粉色、柠檬黄、浅紫色、淡紫红、浅蓝色还有白色等浅色调。许多传统的村舍花园植物，如月季、石竹、美洲石竹、金鱼草、蜀葵、飞燕草、羽扇豆还有福禄考，都属于此色系范畴，只要选用这些植物，花园的主色调就不成问题了。

想要达到温软轻柔的配色效果，粉色是重中之重，而且粉色花的可选范围也远比其他颜色的花朵宽泛得多。如耧斗菜、荷包牡丹、羽扇豆，还有像安德老鹳草、杂交品种‘拉塞尔 · 普里查德’和杂交品种‘克拉里奇 · 德瑞斯’这样的粉色老鹳草，粉色的牡丹、芍药以及东方罂粟，都是典型的村舍花园植物，它们都是我的至爱。

选择粉红到蓝色之间的过渡色系，多用淡紫红与浅紫之类的颜色，这样不费吹灰之力，纯正的村舍花园风就会扑面而来。风铃草、矢车菊、荆芥还有牛舌草‘洛登保皇党’，都是很好的蓝色系多年生植物。优秀的蓝色系铁线莲如‘蓝珍珠’，能攀附在月季或者其他灌木上，只需在每年春天强剪一次。飞燕草也是必不可少，其中杂交高翠雀花也许算是最容易栽培的品种了。

在排水良好、阳光充分的情况下，有髯鸢尾与村舍花园特别相衬。要是你和我一样碰到了重黏土，就在花境中种上西伯利亚鸢尾吧。

灌木

花灌木是村舍花园花境里的关键元素，能和许多植物混栽，丁香、山梅花、金露梅、醉鱼草、薰衣草和铁线莲都是如此，不论搭配一年生还是多年生植物，效果都很不错。如果你有比较荫蔽的区域，绣球就会蓬勃生长。铁线莲在阴凉的地方也有出色的表现。虽说村舍花园以混搭为主，但要避免异域风情的植物，如美人蕉、竹子还有芭蕉。

选择的窍门在于呈现英国乡村鲜花盛开时的风貌，只要做到这点，种上来自天涯海角的植物也没关系。

多年生植物

春季开花的多年生植物必不可缺，在新年伊始之际，花园通常乏善可陈，而它们绽放的身姿正好填补了这一空缺。可选的植物有报春花、铁筷子、肺草、老鹳草、玉竹、大戟，还有不得不提的耧斗菜。夏天开花的多年生植物有芍药、飞燕草、羽扇豆和福禄考，只要选一些种上，就能给我们的花园带来宁静温柔的乡村气息，更何况，它们开起花来又定如此楚楚动人。

许多夏季开花的多年生草本植物都是大簇丛生的，如东方罂粟、福禄考、风铃草、荆芥、飞燕草、桂竹香、芍药、斗篷草、紫菀和刺苞菜蓟，它们的观赏效果都很棒，还可以在花后强剪，给一年生植物还有蔬菜腾出生长空间。

攀缘植物

让金银花和铁线莲在墙头和灌木丛中四处攀爬吧，还有月季和紫藤也都妙得很。记得选择终年勤花并且带有香味的皮实品种，尽管这意味着花园里将塞满寻常品种也没关系。村舍花园的全部精髓正是在于质朴实用，却能让人获得感官享受。千万别想着炫耀什么稀罕货色。

一、二年生植物

一、二年生植物在任何村舍花园中都扮演着重要的角色，它们还

能播种栽培，既便宜又方便。金鱼草、香豌豆、向日葵、花葵、黑种草、香雪球、矢车菊、翠雀和金盏花都是生性强健的一、二年生植物，既可以在规划好的区域播撒种子，也能在其他已经定植的植物中穿插播种。户外直播还能免去育苗的种种麻烦。

一、二年生植物在任何村舍花园中都扮演着重要的角色

一年生罂粟属植物的表现都非常好，如华丽的鸦片罂粟、黄色的西欧绿绒蒿，还有虞美人，它们会弹射种子自播繁衍，经常能在意想不到的地方发现它们。这些小惊喜正和村舍花园的迷人之处相得益彰。

诸如秋英、烟草以及一年生石竹，在育苗过程中都需要一些小小的保护措施，但不论何时，窗台或者小型温室就已足够培育上百株小苗了，等到不再有霜冻风险时，它们就能在室外定植了，花开不断，直到秋天的第一波霜冻来临。

二年生植物强健而速生，但通常不那么华丽，而且往往恣意自播

二年生植物强健而速生，但通常不那么华丽，而且往往恣意自播。勿忘我、桂竹香、美洲石竹、风铃花、白色以及紫色的毛地黄、银扇草、紫罗兰、三色堇、欧亚香花芥，都能在村舍花园平实的混生花境中获得一席之地。可以在春秋季节购买小苗，如果想省钱，也可以在春天亲自播种，慢慢养大，等到秋天再种到恰当的位置，便于来年赏花。

« 左图：5月的春季花园，峨参片片开放

鳞茎、球茎和块茎

花园必备的鳞茎植物有雪滴花、番红花、风信子、贝母、玉竹、夏雪片莲、洋水仙、郁金香和葱属等，想要花园在年末继续出彩，百合（尤其是圣母百合）、雄黄兰、唐菖蒲和大丽花是重头戏。试着在花境中点缀一些，或者种在盆里，随时移动到合适的地方欣赏，并在花期过后放置到一边。

郁金香、大丽花和唐菖蒲色彩鲜明，靓丽动人，看起来似乎和村舍花园的风格不太般配，但植物配置不是吹毛求疵的品味训练。只要搭配合理，不偏离整体基调，增添一抹亮色也不失为明智的选择。

村舍花园要点速览

1. 柔和是村舍花园的重中之重。选择大量摇曳蓬松的植物，并挑选轻柔淡雅的色彩，就能达到最佳效果。

2. 将所有植物紧密混植在一起。不光是灌木、多年生植物和一年生植物，果树、香草和蔬菜也都要密集地种在同一个花境里。

3. 极致拓展种植空间。让休息区围满植物。如果有草坪，确保面积一定要小，并且紧靠花境。

4. 尽可能从种子开始栽培。一、二年生植物对奠定村舍花园的风格有着举足轻重的作用。

5. 造型树是另一个传统元素，红豆杉是理想的选择，但事实上，任何常绿植物都耐修剪，可以造型。发挥想象力，玩些有趣的花样吧。

6. 谨慎选择硬质铺装材质。砖块路，尤其是用回收砖块搭起来的路面不容易出岔。土壤排水良好的情况下，草径也是好选择。不要使用边缘硬实的现代材质路面，如混凝土铺面。

7. 放置凉亭、棚架，或者留一块带顶棚的休息区，让它爬满藤本月季、金银花或是铁线莲，营造一个花香四溢的休憩场所。

8. 切勿选用特别稀奇或引人注目的异域植物。现在不是重建丛林的时刻！花园里的每样东西都应该协力营造和谐的氛围，展现荣光焕发的英国乡村风貌。

异域花园

17世纪初以来，英国人开始将世界各地的异域植物带回本国，为了让它们在自己家落地生根，本地的园丁们绞尽了脑汁。如今，许多人都能坐上飞机，亲自去热带天堂走一遭，这使得人们燃起了前所未有的强烈欲望，想要创造属于自己的异域花园。而这并非异想天开，就算花园坐落在极北的严寒地带，这个梦想也能实现。

去过热带的人都会发现，和北半球比起来，热带植物充满了活力，而且生长十分迅猛。想要打造原汁原味的异国情调花园，首先要展现出蓬勃的绿意。

炎热的气候、充足的日照加上充沛的水量，三者结合在一起，促成了热带郁郁葱葱的植被景象。前两个因素超出了任何园丁的可控范围，但是，假如你所在地区的降雨量还算可观，或者有办法收集雨水，可以在缺水时灌溉那些王牌植物，那么可选的植物种类范围就宽泛多了。不过最关键的一点是改良土壤，比起这个，其余的都是小事罢了。

还有一种可行性很高的方案，就是选用非常耐寒的植物来营造异域效果。我在自家花园里就是这么干的。我利用玉簪‘斯洛登’和‘西伯利亚’那巨大的叶片，还有苏格兰刺蓟和刺苞菜蓟那惊人的高度来体现异域效果，其中，苏格兰刺蓟可以在短短数月内长到4.6米高。在5~6月里，后两种植物的生长力极其旺盛，美丽的叶子上还覆着白霜，在啤酒花‘奥里斯’金色叶片的衬托之下显得尤为动人。

老鼠簕属植物能为你的花园平添一片青葱灿烂，种下以后也不需多加照料，不过有个忠告，要是把它们种在花境里，以后再想彻底驱除，就是不可能完成的任务了。这可不是吓唬人，特别是属下的虾蟆花生命力旺盛得惊人，除了最严酷的寒冬，始终绿意一片。而刺苋倒是草本植物，从11月到4月都会销声匿迹。这两种老鼠簕属植物都有着大而显眼的塔型花穗，从亮泽的巨大贝壳状叶片中向着天空挺拔伸展。

至于那些引人注目的开花植物，只要种在大型容器里，浓郁的异域气息立刻就会扑面而来。这个方法特别适用于木本曼陀罗属的植物，还有美人蕉、新西兰麻，甚至不起眼的大丽花也可以通过这种方式提升气质。盆栽还能确保使用恰当的土壤类型，提供良好的排水，而且便于在冬季保护娇弱的植物。

蕨类植物

对园丁来说，干燥的荫生区域通常比较棘手。但许多蕨类都喜欢这样的环境，它们能在荫蔽的角落悄然营造出满满的异域风情。只要注意防风，鳞毛蕨即可在任意环境下生长，它们最高能长到90厘米，带着一股新鲜的干草味，而金盾蕨是另一种雄伟如雕塑的蕨类，无论日照条件是否良好，都能蓬勃生长。和所有的耐旱植物一样，金盾蕨定植的第一年需要好好浇水，直到牢牢扎根为止。

智利乌毛蕨是一种非常强健的常绿蕨类，叶片呈暗绿色，坚硬而粗糙。而荚果蕨则喜欢潮湿的环境，它会长出一个短小的主干，看起来有点像迷你的树蕨。在气候较为温和的地区，引种真正的树蕨，异域情调瞬间就会弥散开来。树蕨在冬天需要进行防护，最好的方式就是将茎干顶端的蕨叶向上聚拢，用园艺薄毡包裹起来。树蕨的根长在茎干上，所以比起潮湿的土壤，它们更喜欢润泽的空气。至于旱季，每隔几天用水管给它们做好喷淋就行了。

棕榈属

虽然棕榈广泛种植于各类花园，而且是棕榈属中最耐寒的品种，但不论身在何处，它总能为周围一同种植的植物定下充满活力的基调，让人轻易忘记自己正身处英伦。想让它健康挺拔，就要在避风处种植，并确保土壤排水良好。

地中海扇叶棕榈也叫矮棕，同样非常耐寒，它会长成一簇簇的灌木形态，形成非常美观的下层花境。它的养护条件和棕榈一样，避风种植，外加良好的排水和光照。

澳洲朱蕉虽然不算棕榈属植物，但它们有着相似的外形，无论在海岸花园或是都市花园，它都是很好的选择，只要冬季温度高于−5℃，就能投下来自异域的荫蔽。它在夏天需要大量水分，冬季则需保持干燥。而且只要气候适宜，就会开花不断。

芭蕉属

埃塞俄比亚象腿蕉叶片巨大，并带有巧克力和李子的色泽，再没有什么植物比芭蕉属植物更富异域情调了。象腿蕉需要大量水分和尽可能肥沃的土壤，它们并不耐寒，而且要种在避风的地方，否则叶片会被大风撕碎。即使如此，我还是认为任何一座异域花园都少不了芭蕉的身影。

芭蕉非常耐寒，但在寒冷地区的冬季，仍需用园艺薄毡做成帐篷加以保护，或者和象腿蕉一样，在第一次霜冻来临前就搬到室内保护起来。至于盆栽植物，像地涌金莲这样的小型芭蕉是不错的选择，它株高只有1.2米，厚实的叶片上覆着白霜，非常漂亮，而且比芭蕉还要耐寒。

« 左图：台地花园里的盆栽双色凤梨百合

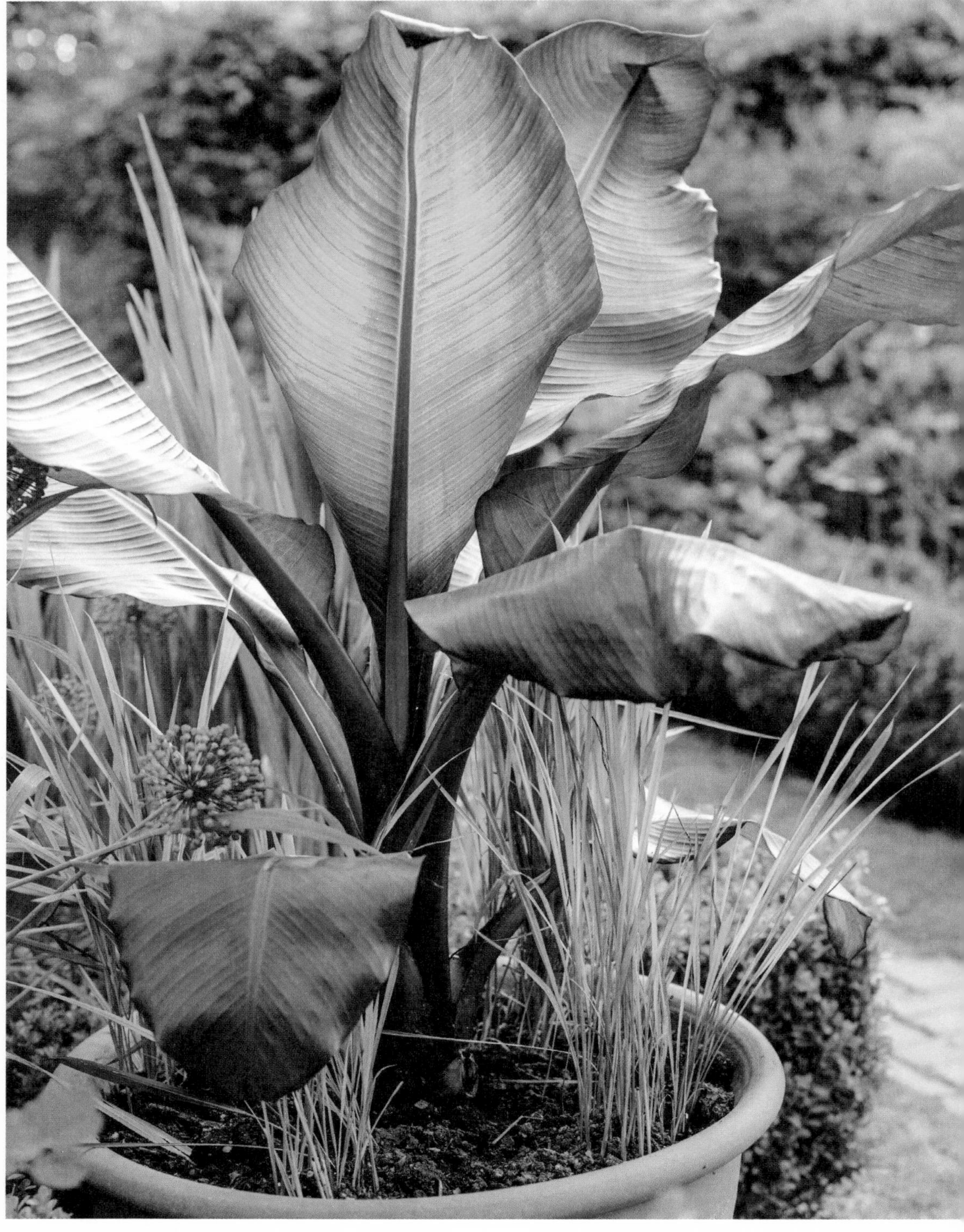

美人蕉属

美人蕉花朵如火焰般明艳、叶片巨大而华丽，在任何花园里都是令人瞩目的焦点。‘怀俄明’是橙色花，‘黑骑士’是红色花，‘德班’则是橙色花加巧克力色的叶子。这些品种的花都很动人，有些是深色叶，有些则是花叶，我特别喜欢它们混植在一起的效果。

就算你生活在气候非常温和的地方，11月中旬前也要关照一下美人蕉，将它们挖出来，适当回剪，让其休养生息。否则，第二年它们就不会开花了。美人蕉属于肉质根，根里储存有足够的养分，确保植株能够安然越冬。英国的冬季比较漫长，因为美人蕉不耐霜冻，除非确保霜冻期已经完全过去，否则最好不要在户外定植。

回剪之后，我会将美人蕉埋到一个大陶盆里，里面装满用过的盆栽基质或者腐叶土（蛭石或者木屑也没问题），陶盆要放在凉爽但远离霜冻威胁的棚子里，让它们在良好的保护下进行冬季休眠，保持活力。为了避免它们在休眠中干枯，记得每隔几周浇点水。到了春天，一旦发现它们开始萌发，就要挖出来上盆，我会从4月中旬起逐步炼苗，最终在5月底定植。

美人蕉喜欢湿润，所以种好以后需要盖上厚厚的覆根物，再好好浇透水。虽然每朵花都只能开几天，但花朵会在同一枝花穗上不断开放，直到所有的花苞全部开完。

树大丽花非常高大，一般情况下能长到4.6米，假如土壤足够肥沃，还能更高一些。但它需要经历一整个炎热的夏季，才能在晚夏开花。这丝毫无损它的价值，每年它都会像一棵小树苗那样重新生长，而且很容易在春天扦插成活。不过树大丽花很娇嫩，需要移栽到室内过冬，如果在气候比较温和的地方，也要用稻草或者园艺薄毡保护起来越冬。

« 左图：与血草‘鲁比亚’拼盆种植的象腿蕉

异域风情的攀缘植物

凌霄花的花朵看起来像是深橙红色的小号，因此俗名“小号藤”，在所有的温带攀缘植物里，可算最具异域感的了。西番莲又叫热情果，非常耐寒，花朵的形状极为别致，果实卵形，呈明艳的橙色。其中最耐寒的种是蓝翅西番莲，但只有鸡蛋果这个种可供食用。在夏季，悬星花的暗紫色花朵能占据整个爬架，有个品种叫‘格拉斯尼温’，花色极深。

络石藤喜欢中性到碱性的土壤，只要光照良好，花朵就能爬满墙面，散发出美妙的茉莉清香。我还盆栽了一年生的电灯花，4月播种，6月初移苗，从7月末开始绽放，直到秋天结束。牵牛花别名朝颜，和电灯花的照管方式一样，其中三色品种‘天堂蓝’，有着明媚的蓝色花朵，花量大到难以计数。日系朝颜‘巧克力’的花朵是咖啡色的，带有条纹，有着浓烈的异域气息。

干燥环境下的异域花园

蓝蓟属、丝兰属、刺苞菜蓟、针茅属、景天属还有蜜花属这样的大型耐旱植物，都很适合干燥环境。

这些植物经过演化，早已适应了降雨量极少的环境，不喜欢潮湿。换句话说，土壤要有上佳的排水性。如果土壤保湿性很好，就要加入大量碎石或园艺沙砾，而且注意，不要额外添加有机质，否则会导致植物疯狂生长。

百子莲很能烘托氛围，既能盆栽，也能地栽，但地栽时需要注意控制根系，不然它会多长叶子少开花。蜜花是我的最爱。光是那覆有白霜的叶子就很值得种植，更何况只要种在阳光充足的避风处，它就会长出暗红色的花序。裂叶罂粟能长到1.8米高，叶片银灰色，绽放巨大的白花。

新西兰麻能耐受-5℃的严寒，而且无论是盆栽还是种在花境里，都令人瞩目、卓尔不凡。至于观赏草，所有的针茅属植物都喜欢干燥且排水良好的环境，其中最华丽的品种要算巨针茅了，高可达2.4米，花序呈燕麦状，在夕阳下散发出迷人的光泽，熠熠生辉。

想要打造无与伦比的花境背景，海甘蓝是不错的选择，还有希腊毛蕊花，在播种次年就能长到将近2.8米高。蓝蓟也能长到相同的高度，塔形花序开满蓝色的小花。莲花掌属有30多个种，盆栽和花境的表现也都很好。

这些植物在最干燥的条件下也能很好地呈现出异域风情。

异域花园要点速览

1. 在种植前好好准备土壤。挖掘时避免挤压土壤，尽可能地多加有机质，每年至少添加5~8厘米厚的优质有机覆根物。这样一来，生机勃勃的繁茂景象就不再只是梦想了。

2. 营造避风环境。刮风时，由于构造原因外加逐渐增大的压力，叶型较大的植物很容易遭受灭顶之灾。可以用牢固的篱笆、树篱和墙体来形成风障，营造小气候。

3. 安装灌溉系统或良好的雨水集蓄系统。纯正的异域花园都是郁郁葱葱的（干燥条件除外），为了实现这样的场景，环境必须常年湿润。大量使用覆根物非常有效，还有一个选择是使用滴灌系统，不但效用奇好，而且即使在外出期间也能让植物得到持续的灌溉。

4. 买些抓人眼球的植物作为灵感中心。钱要用在刀刃上，少买几棵，但要买大型植物，以此设定基调，围绕它们填充其他植物。对异域花园来说，来几棵摄人心魄的植物永远要比一堆小花草像样多了。

5. 别小瞧那些耐寒的“普通”花境植物。不是只有那些娇弱稀有、难以成活或价格高昂的植物才能体现真正的异域风情。大翅蓟属、刺苞菜蓟、大型玉簪以及荚果蕨属，全都能和世界各地的植物很好地搭配在一起。

6. 选择合适的植物呈现和谐的效果，这样一来，即使在非常干燥的花园里也能营造出异域效果。

7. 做好准备，植物过冬时要搬到远离冻害的地方，并且为无法移动的大型植物采取充分的冬季防护措施。

8. 接受现实，要知道这种类型的花园每年只有6个月的时间能呈现最佳状态。

9. 异域花园风格明确，千万别弄成四不像。

现代都市花园

园艺算是门守旧的艺术，人们从消逝的时光中获得宽慰。不过，打造时尚的现代花园也是不错的选择，它不需要高强度的维护，一样能令人放松，获得乐趣。

要使维护量降到最低，有两种选择。第一，使用大量硬质景观，这个方案需要投入较多资金，但建成后就不需要太多照看。第二，选用每年只需要维护一两次的植物，如已经修剪成型的黄杨或红豆杉。

现代都市花园有清晰的边界，形制严谨异常。通常铺设切割石料或人造石板，边缘齐整。设计对称、平衡、有序。线条干净利落，植物风格也是如此。这种花园的核心部分是就餐休息区，其他区域以此为中心进行拓展规划。这里是放松休闲的地方，与忙碌的周末园艺生活毫无关系。

植物

用来塑形、勾勒框架的植物叫作结构性植物。使用这类植物比打造生硬的背景墙要高明多了。从大型芭蕉到丝兰、百子莲、树蕨和仙人掌，有许多植物都可以运用在这样的方案里。关键之处在于，这些植物单独种植的效果要比花境群植好得多。

一般情况下，常绿植物全年的观赏性都很好，而诸如山茶、薰衣草、迷迭香、香桃木、十大功劳、美洲茶、南鼠刺、丝缨花、荷花木兰、滨南茱萸和墨西哥橘等灌木，不仅常绿，还可观花，它们都适合修剪造型。

有些植物不仅可以修剪成树篱和造型树，还能修剪成云梯，红豆杉、黄杨、冬青、齿叶冬青、女贞和月桂都属于这个范畴。每年只需要修剪一次，就能长久保持造型，是现代都市低维护花园的理想选择。

竹子也是现代低维护花园的好搭档，只要避免严重缺水，几乎不需要费心照料。紫竹是最具现代感的竹子，种在黑色的池水（见下文）旁，更是与其黑色的茎干相得益彰。

现代都市花园的形制严谨异常，线条干净利落，植物风格也是如此

盆栽的球根植物色彩华美，表现力出众。花开时放到合适的地方，花谢后即搁置在一旁，等来年再度忠实地重现光彩。

水

在现代都市花园里，规则式水景看起来颇具现代感，有些带有少许植物，有些干脆留白。要是能用水泵带来动感，或者加上灯光效果，平淡无奇的景致就会生出不少值得玩味的细节。

假如用黑色石料铺设出极浅的规则水池，就能反射出美不胜收的光线。我见过一个这样的池子，三面池壁着了色，高高耸起，池水的倒影在壁上摇曳生姿，如梦似幻。如果给水池加入循环系统，让水流从高处倾泻而下，潺潺作响的水声会带来勃勃生机。

耐候钢制水槽用不了多久就会呈现生锈效果，还可以随意定制尺寸，做出别致的水景。花朵精巧纤细的灯心草有着极佳的线条感，还有鸢尾属植物，不管是玉蝉花、变色鸢尾、燕子花还是黄菖蒲，和静止的水面都极为相配。可以把它们种在篮子里，再沉到水池底部定植。

哪怕是涓涓细流，也能让花园改头换面。要建造一条小溪，只需从石头或钢制出水口引一泓狭长的水流，延绵而出，贯穿整个花园。人们可以沿溪而行，也能轻易抬足跨过。小溪也是一劳永逸的景观，建成之后不用费心维护。

野生动物园艺

要让花园成为野生动物的乐园，最好的办法莫过于停止人为园艺。让草坪变成草甸，等花境一片芜秽。随荆棘谈笑风生，看荨麻花开灿烂。不要修剪树篱，让它和接骨木、自播的梣树和桦树一决高下吧。如果花园的光景看起来如同铁路遗迹一般，恭喜你，干得不错。

完美无瑕的花园对大多数野生动物来说充满了恶意。漂亮的花境里找不到半根杂草，也没有一丁点儿枯枝落叶，树篱干净利落，草坪常割常新。这样的场景也许能让园丁志得意满，但却赶走了大部分的鸟类、哺乳动物和昆虫。

想要让花园融入大自然，必须有所取舍。既要保持花园的色彩、功能和布局，也要与自然和谐共处。

其实不论身处何处，任何人都能拥有美景和各种野生动物共存的花园。不仅如此，如今这样的花园也变得日益重要，因为随着农用土地面积不断扩大，越来越多的土地都种上了单一物种，比起普通农田，大多数花园对野生动物更有吸引力。

只要在小花园里随意种一些落叶树篱、落叶灌木和常绿灌木，就能吸引来多不胜数的鸟儿，实在是令人惊叹。如果场地还有富余，再添上一两棵小树就更妙了。对于各种生物来说，大多数花园通常都是丰饶的猎场。

但园丁要注意一点，不能只欢迎自己能接受的“野生动物”。蛞蝓、鼹鼠、兔子、城市狐狸还有蚊子，都是野生动物。短期来说，许多动物的确会对花园造成危害，但它们可能是整个食物链中不可或缺的一环，会吸引其他外观艳丽的鸟儿或哺乳动物光临花园。

毛毛虫蚕食了芸薹属植物，玉簪被蛞蝓啃得一片狼藉，这样的场景时不时就会上演，虫子们也因此成了花园的敌人。但不论境况如何，和单一的花园问题相比，它们都属于更大、更丰富的生态蓝图的一部分。学会从宏观角度看待花园，你和其他生物并没有什么分别，都只是其中的一小部分。所以，从不使用杀虫剂、除草剂或者杀菌剂开始行动吧。化学制剂是无差别灭杀，灭杀蚜虫的杀虫剂也会毒害传粉昆虫。千万不要因小失大。

想要获得健康迷人的花园，关键在于尊重、爱护以及享受大自然的丰饶。想要捕食者经常现身，食物就要足够充沛。所以先要有蚜虫，瓢虫和草蛉的倩影才会飘然而至；想一窥刺猬、甲虫和蟾蜍的踪迹，就要给它们留些蛞蝓作为口粮。花园是一个自我调节的系统，功能完备，运作顺畅。

只要在小花园里随意种一些树篱和灌木，就能吸引来多不胜数的鸟儿，实在是令人惊叹

停止使用化学制剂时，可以采取一些简单有效的措施。我最推荐的方法是划出一片区域，让杂草自由生长。选一小块地，一年只修剪两次，7月一次，10月一次。不提别的，起码野花就会盛开（就算只是雏菊、蒲公英和毛茛），这样能增加昆虫的多样性。比起任何单一物种的数量多少，生物的多样性更为重要。想要花园生生不息，昆虫、鸟类和哺乳动物的种类越丰富越好，这比拼命追求某些稀有物种可强多了。

选择本地物种，如榛树、山茱萸、山楂、黑刺李和琼花等植物组成混合树篱，既可让鸟类和昆虫有地方筑巢，还能提供蜜源。我建议在树篱下大量种植地被植物，这对小型哺乳动物和无脊椎动物都大有好处。让野芝麻、老鹳草、蔓长春花和常春藤生长在一起，慢慢形成

繁茂的保护层。

蜜蜂和传粉昆虫的最佳花卉：藿香、葱属、紫菀、风铃草、矢车菊、秋英、月见草、路边青、天竺葵、蜀葵、锦葵、蓝盆花、野生鼠尾草

蜜蜂和传粉昆虫的最佳灌木：醉鱼草、美洲茶、栒子属、丁香、十大功劳、灌木月季

蜜蜂和传粉昆虫的最佳乔木：所有果树、黑刺李、栗属、山楂属、榛树、樱花

蝴蝶的十大蜜源植物：紫菀、南庭芥、大叶醉鱼草、黑莓‘无刺俄勒冈’（顾名思义，比野生种刺少）、田野孀草、孔雀草、薰衣草、牛至、距缬草、景天属

野生动物池塘

如果在花园里添加一处设计自然的池塘，很快就能吸引各种野生动物光临，如青蛙、蝾螈、昆虫、鸟类、蝙蝠和其他哺乳动物。它们能很好地平衡植物生境，同时也增添了别样的乐趣。

完全不用为池塘里没有“住户”而担心，只要环境适宜，动物自然就会来。与这类自然水景相配的植被，也是赏心悦目的景观。

建造池塘并不难，挖个坑，用防水材料垫底，接着注上水，这就完工了。想要考究一点的话，可以用石块和植物把垫底材料掩饰起来，为不同类型的植物准备深浅不一的陆架，创造出多种水生生境。

右图：清理池塘中死去的植物 »

野生动物池塘和普通池塘最大的区别在于水岸。如果能打造一片极为平缓的斜岸，那么几乎所有的生物都能方便地进出池塘，划蝽、口渴的刺猬等都不在话下。操作起来也很简单，只要让衬垫下的土壤形成梯度，用石子、鹅卵石还有洗净的沙砾铺就一块浅滩，慢慢延伸到半沉入水中的大石块那儿就行了。水岸上不要有植物，最多只能占整个池塘边界的1/5。

如果在花园里添加一处设计自然的池塘，很快就能吸引各种野生动物光临，如青蛙、蝾螈、昆虫、鸟类、蝙蝠和其他哺乳动物

一段老旧的原木也许有损池塘的美景，但对野生动物却很有帮助。最好在池塘里放上一块，让它自然地浮在水面，慢慢分解。甲虫很喜欢这样的环境，青蛙也能跳上去晒太阳。

池塘边长满荨麻的草丛是动物理想的栖息场所，也是红蛱蝶、荨麻蛱蝶、麻蛱蝶和白钩蛱蝶等鳞翅目幼虫的安乐窝。

池塘内外的饰边植物是多种动物的庇护所。虽然从苛刻的园艺视角来说，过于茂密的植被看上去会略显杂乱，但这样的环境其实有不少好处。所以不用担心藻类和浮萍，也不必费心保持池塘的洁净。即便一潭死水，对野生动物来说也是富饶之处，远比干涸的土坑强多了。不说其他好处，一般情况下，水塘无须人为干涉，就能依据天气和季节进行自我调节。

建造池塘

选择一个合适的场所，至少要有半天直射光。圆形或者边缘流畅

的池塘看起来比较自然，正方形或者长方形都不是理想选择。记得在池塘周围留出充足的种植空间。

用绳子、藤条或水管来给池塘的轮廓做标记。在靠近岸边的地方估算好水下种植架的位置，以便种植饰边植物。池塘边还要留出一块浅滩来铺设水岸。

睡莲之类的水生植物对水的深度有要求，至少要准备水深90厘米的区域。这样一来，即便面积很小，也会挖出大量泥土，所以要做好废土的处理计划，最好就地解决，用到花园里去。

要检查池塘边缘是否完全水平。用木钉和水平仪仔细复核，但凡有一丁点不平整的地方，灌满水后立马叫你难堪。如果池塘所在的位置有所倾斜，务必等收拾平整再开工。池塘边要避免地势陡峭，以免泥土从上方或者旁侧坍塌。

如果觉得池塘的形状和大小都很合适了，那就彻底清理池底所有的石块和根系，然后夯实土壤。要是购买了预制池塘，把它放进坑内，并在边缘回填土壤。如果使用柔性衬垫，在铺土工布之前，记得先在土面放一层毛毡，或者铺上2.5厘米厚的沙子。这一步能避免衬垫破损，千万不能省略。

要计算衬垫的大小，就得测量池塘最长和最宽处的距离，再测量池塘最深处的距离，将深度乘以2，然后分别加到长宽尺寸上。举例来说，最宽3米、最长1.8米、最深0.9米的池塘，至少需要4.8米×3.6米的衬垫。

轻轻拉开衬垫，让它整个覆盖在池塘上，自然下垂并贴合整个池塘轮廓。在注水前集中多余的衬垫，尽可能减少褶皱，直到满意为止。衬垫要留出充分余量，尤其是浅滩区域。用砖块或石块暂时压住多余的衬垫。注水时衬垫会因为水的重力自然拉伸，要拉拽并抚平新出现的褶皱，确保衬垫紧贴水池轮廓，这样就能很好地固定褶皱。

注满水后等待24小时，确保不漏水，然后沿着边缘留出至少30厘

米空间，裁剪多余的衬垫。最后，用石块、土壤和植物覆盖衬垫，这样看起来就很像天然池塘了。

池塘的种植

假如野生动物池塘周围本来就有很多植物，那就用不着额外种植了，池塘里面也是一样。

玉簪、橐吾属、山茱萸属、长萼大叶草、观赏大黄、鬼灯檠属、落新妇属和鸢尾属植物都能在池塘边缘以及沼泽区域茁壮成长。只要有水，千屈菜就能立足生长，明亮可爱的驴蹄草也是如此。尽可能保持植物的自然状态，避免过于整洁。水边繁茂交错的植被是周围生物完美的庇护所。

因为没有草类竞争，有些本土野花在这些非常潮湿的地方能长得很好。驴蹄草、高毛茛、斑点过路黄、聚合草、草甸碎米荠、花菖蒲和欧洲百脉根都是如此。

有一点需要注意，不要在野生动物池塘里投放鱼类，它们会吃掉蝌蚪。如果要在池塘里添加水泵，最好放非常小的那种，尽量不要扰动池水，因为蛙类只在静止的浅水中产卵。

草类和野花草甸

野花草甸看起来和所有的草本花境一样美丽，但令人意外的是，其中的花儿对野生动物并没有什么特殊的影响。草丛才是影响昆虫数量和多样性的关键。不到一平方米的草丛都会带来极大的改变。假如你想大干一场，就要在草坪中心留下一条窄径，让周围变成一片光彩夺目的野花草甸，草丛里开满灿烂的野花，诸如黄花九轮草、岩豆、

« 左图：池塘四周有茂盛的植被，是野生动物的理想栖息地

蓬子菜、滨菊、田野孀草、矢车菊和草原老鹳草。

真正的野花草甸很难持久，它们只适合土地非常贫瘠的地方。比较容易实现的替代方案是，在野花草甸里种上春季开花的球根。也就是说，在草丛开始生长前，让各种球根先行登场。雪滴花、番红花、洋水仙和原生郁金香在草丛里的表现都很好。如果土壤比较潮湿，就很适合种植阿尔泰贝母和糠米百合属。球根开的花会在仲春枯萎，而开始萌发的草叶正好可以遮掩乱糟糟的枯叶。此时，青葱的新草甸看上去漂亮极了。

等到七八月间就可以修剪草丛了，不过记住，千万不要在仲夏前开始行动。很重要的一点是，记得把割落的草叶收集起来做堆肥。否则，这些草叶会让草丛更繁盛，从而挤占野花的生存空间。如果你的堆肥箱太小，放不下这么多草叶，就找地方堆起来，等待自然分解，它会成为昆虫的又一处乐园。

接下来，你既可以像维护普通草坪一样定期修剪（只要在每次修剪后记得收集草叶就行），也可以让草丛随意生长，等到圣诞节前重复夏天的操作。不管使用哪种方法，都要在入冬之前将草丛修剪到最短。这样的操作流程能让野花在草丛里茁壮成长，变得和那些精心修剪的草坪一样美丽。在我心目中，野花草甸一向魅力非凡，而且对周围环境更为有益。

鸟类

乌鸫和歌鸫的鸣唱像完美无瑕的月季花一样动人，而且在我看来，没有鸟鸣声就谈不上是座好的花园。乌鸫和歌鸫爱吃各种无脊椎动物和昆虫，还有各种蠕虫和蚯蚓，换句话说，土壤要健康且富含有机质，才能吸引它们到花园里来。

想要吸引鸟类，除了各种各样的鲜花、草丛和水源之外，树木也必不可少。它们不仅提供了隐蔽的栖息场所和筑巢空间，也为各种野生动物提供了潜在生境。不过，选择一定要明智。就拿二球悬铃木来说，以它为食的本土昆虫只有1种而已，而夏栎能为284种昆虫提供食物。我知道，对有些人来说，很难下决心在花园里种上栎树，他们觉得栎树的生长期太漫长，未必能在有生之年亲眼见证它长成一棵成型的大树。这可是大错特错。栎树从栽上的第一刻起就可爱极了，何况随着成长，它会给人带来巨大的快乐，更别说还能吸引不少野生动物。观鸟可是冬季花园的一大乐趣。

为鸟儿提供的食物，最好放在猫去不到的地方，还要用一些带有小孔的网状物保护好，用来防备鸽子、椋鸟还有雀鹰这样的掠食者，但孔要足够大，以防山雀、金翅雀和其他小型鸣禽在进食时卡住喙部。不规律的喂食弊大于利，一旦开始喂食，就要坚持下去，直到春天来临，不论是葵花籽、昆虫幼虫、面包屑，还是任何提供综合脂肪的食物都要谨遵这个原则。因为鸟儿要消耗大量能量才能飞到鸟食台，如果这些能量得不到补充，就白白浪费了。

巢箱也能吸引鸟儿光临花园。山雀的巢箱得开圆形孔，放在离地面2.7米左右的避风处，而知更鸟则倾向于开放式巢箱，要放在极端隐蔽的地方，如攀缘植物或者棚屋后面。

昆虫

昆虫不像鸣禽、蜻蜓或刺猬那样引人注目，也不太可爱，但它们是建立健康野生动物花园的基石。美国人所讲的“臭虫”一词，让人们对昆虫产生了深刻误解，实际上，它们是生物链里重要的一环。花园里的昆虫种类越多，花园就越健康。没有健康的昆虫种群，整个食物链就会开始分崩离析，会牵涉到鸟类、哺乳动物和花卉等诸多生物。问题不在于我们想不想要更多的昆虫，而是我们实在需要它们。

蜜蜂

据估计，西方饮食中有80%的食物有赖于蜜蜂授粉，没有蜜蜂，人类很快会挨饿，甚至可能灭绝。持续下降的蜜蜂数量正在敲响急促的警钟。

蜜蜂种群衰退的原因似乎来自各个方面。瓦螨是蜜蜂的头号寄生虫，它能在蜜蜂生命周期的各个阶段实施侵害。瓦螨吸食成年蜜蜂的血液，令它变得虚弱，更容易遭受病毒感染。除此之外，有越来越多的证据表明，农业杀虫剂也正在危害蜜蜂，人们会因此面临灾难性的后果。

然而花园为蜜蜂提供了丰富的食物，只需稍加注意就能打造成蜜蜂的丰收之地，这既不会让园丁为难，也丝毫无损园艺之乐。我们可以也应该积极地保育英国的蜜蜂种群，此举至关重要。

你可以选择那些既好看又受蜜蜂青睐的植物。最近的研究发现，蜜蜂并不关心植物原产何处，所以无需专注于本地物种。相比之下，应该致力于提供大量获得花蜜的渠道。

对蜜蜂来说，像雏菊这样花型简单、花心开敞的植物，还有蓝盆花这类绒球状的植物，以及许多菊科植物都是获取花蜜的上佳选择。熊蜂的口器更长一些，更适合毛地黄这类漏斗状花型的植物。

蜜蜂也喜欢果树，实际上，它们喜欢所有的开花树木，它们还喜欢所有的豆类，如豌豆、大豆、苜蓿和香豌豆。

另外，它们还喜欢蒲公英、悬钩子、紫菀、常春藤和柳树。

记住，花粉也是蜜蜂重要的食物来源，和那些精心繁育而来的华美花朵相比，花型略小的原生花卉能为蜜蜂提供丰富的宴席。蜜源离蜂巢越近越好，植物种类不用很丰富。蜜蜂喜欢成片的连续蜜源，想象有这样一座山坡，春天里果树开了花，紧接着一大片欧洲油菜和帚石南绽放开来，那就很适合蜜蜂生存了。

也就是说，园丁要确保蜜源充沛，尽量维持花开不断的场景，这样蜜蜂才会终年光顾。而且成片种植要比花园周围的零星点缀有效得多。

熊蜂更喜欢东吃一点、西喝一口，它们不像蜜蜂那样忙碌，反而很喜欢在植物之间穿梭，这里尝尝，那里试试。只要花园里有食物，它们就很乐意过来玩一会儿，对植物的数量和连续性也没有要求。

野生动物园艺要点速览

1. 避免整洁。保留落叶、杂草、杂乱的灌木丛和攀缘植物，以及植物死去的茎干。这些杂物是昆虫、鸟类和蝙蝠等小型哺乳动物赖以生存的庇护所。收集大量树枝，堆放在篱笆或棚屋上，为刺猬之类稍大的哺乳动物提供冬眠场所。

2. 花园里必须要有水源，哪怕只有鸟浴盆也行。要是有个小池塘就再好不过了，种上大量滨水植物，再开辟一块方便动物进出的浅滩区域。

3. 让杂草在不碍观瞻的地方随意生长。许多杂草都是重要的宿主，举例而言，荨麻是许多蝴蝶幼虫的主食，对蝴蝶来说至关重要，红蛱蝶、荨麻蛱蝶和麻蛱蝶的幼虫都靠荨麻维生。

4. 茂盛的草丛必不可少。空出一片草丛作为野花草甸，在仲夏前完全不予修剪。仲夏修剪后耙去草叶，可促进野花生长。在草丛下层种植番红花之类的球根，等到春天就能收获一片明艳的花丛，同时也能为早春的昆虫提供花粉。

5. 虽然对人类而言，单一栽培比较容易获得华美的视觉效果，但这对野生动物毫无益处。种植各种花型开敞、容易获取花蜜的鲜花，同时尽量延长花园的花季，为昆虫提供充足的花粉和花蜜。

6. 避免使用任何农药、杀虫剂、除草剂和杀菌剂。用它们杀死特定害虫就像用霰弹枪杀苍蝇一样，不仅会破坏许多有益生物，而且还会引发一系列有害的连锁反应。努力创造能够进行自我调节的和谐环境。

7. 不要在鸟儿筑巢产卵的季节修剪树篱，10月到12月之间是修剪落叶树篱的理想时机。如果有些树篱必须做二次修剪，尽量轻剪。

8. 许多伞形科植物都富含花蜜，如当归、茴香、峨参和莳萝，这些植物特别受食蚜蝇和草蛉青睐，作为回馈，它们的幼虫会帮忙消灭蚜虫。

9. 堆肥不仅可以回收居所和花园里所有的废料，还能肥沃土壤，更重要的是，堆肥有益于花园中的细菌和真菌，虽然肉眼很难发现这些微生物，但它们却称得上所有野生动物赖以生存的基石。

孩　子

为孩子们在花园里开辟一片天地，安全且专属于他们，千万别把这个区域扔在花园的尽头——小孩子总希望能时时靠近家的所在。

花园里的游戏区不一定非得像个格格不入的不速之客，它同样可以充满着园艺灵感。池塘可以充当戏水池，沙坑可以化身为沙滩，繁茂的灌木可以围合成秘穴，或者干脆就地取材，用柳树等植物的枝条来搭建。

造一座树屋、搭一个小棚子或是随便什么形式的玩耍之所，只供孩子们享用。你可以直接买成品，但若能自己动手，从零做起，虽然难度大增，制作也很粗糙，但这个过程会更有趣，孩子们也会更加珍惜。

任何时候都不要刻意把孩子培养成
园丁——这应该是水到渠成的事情
——好好鼓励他们爱上花园吧

草坪是必备品，但应当抛下对完美草坪的执念。适合孩子们的草坪应当是皮实而经得起折腾的。可以选黑麦草，花时间和精力确保土壤排水良好，尽量减少板结。

尽可能多种一些水果和蔬菜。把丰收的体验打造成给孩子们的奖赏，尽量让他们在花园中多尝试，品尝收获的滋味。

任何时候都不要刻意把孩子培养成园丁—— 这应该是水到渠成的事情。但你可以尽量让他们爱上这个属于全家人的花园，因为爱是一切成功园艺的根源。

需要牢记的是，植物可以替换，童年却只有一次。任何花园都应该把孩童和花园的和谐共生关系视作最宝贵的财富，并加以悉心培育。

盆　栽

盆栽是花园的点睛之笔，能创造舞台感并能增添多样性和结构感。它适合各种植物，从零星点缀的一年生雏菊到大型树木，都可以种在花盆里。每座花园大小形状各异，情形位置不同，却都能通过引入大量盆栽植物而变得更加美好。

根据栽种植物的不同，盆栽可以从一开始就放置在最适宜其生长的地方，然后随季节变更或者仅凭主人的心血来潮而挪动位置。盆栽的可贵之处在于，种植者可以借此掌控植物的生长环境，如土壤的类型。举个例子，我的花园土壤是中性到碱性的，但我仍然可以用盆栽的方式，配合专用的酸性介质来种植杜鹃花和山茶花。

大型盆栽可以视同为小型花境，或是某种自成一派的插花作品。通过灌木、宿根、一年生以及球根植物的组合种植，大型盆栽的观赏期可长达半年，给人时移景易的新鲜感。

盆栽也提供了另一种可能，即种植者可以集当季最美的花草于一器，而待到花谢飘零之际，则可将其搬离舞台中央，让它们静静地休养生息，蛰伏待发等候来年；与此同时，盆中新换上的一批植物则可继续争奇斗艳。

只要拥有一个阳台、一个屋顶平台甚至仅仅是一个窗台，那么你所拥有的就不仅是莳花弄草的机会，那些容器本身更可以摇身一变，充当你的花园，给予你同等的乐趣，丝毫不逊色于任何花境。

但凡是能排水且在其最宽处有开口的器皿，只要它能容纳一定的土壤并能定期予以浇水，都能用作花器。长久以来，人们就会把桶一分为二当大花盆来用。金属花盆给人以光滑别致之感，旧物利用的桶

和浴缸也可供利用。石槽、石斗虽浅，倒也不乏魅力，特别适合用来栽种根系浅的高山植物。我见过各种千奇百怪的花器：旧茶叶箱、洗碗盆、排水管、烟囱、垃圾箱、旧篮子、平底锅、食用油壶、废弃的靴子，甚至是开口翻转向上的帽子，种植的植物也是五花八门，从郁金香到芜菁都有，尽管外观上各有千秋，但看上去都还挺不错。

盆栽介质

如珠宝般浓郁的密植风格需要大量的养分，所以我特别配制了一种盆栽介质，足以提供一整个夏天所需的营养。这种介质由等比例的市售无泥炭盆栽介质、过筛的腐叶土和过筛的园艺堆肥组成，并加入园艺砾石以确保排水得宜。我把它们放在手推车的车斗里混合均匀，多年来，我发现那些高大、喜肥的植物用上这种介质都能茁壮成长。不过，如果你选用质量好的无泥炭介质并确保每周补充液肥（参见下文），同样也能获得相当的表现。

不过，香草植物或是地中海植物，如薰衣草、银香菊、岩蔷薇和天竺葵等，则需要一种贫瘠得多且能保证快速排水的介质，方能蓬勃生长。我会用无泥炭的（这一点对此类植物尤为重要，因为它们需要碱性土壤，而泥炭恰恰相反）以树皮或是椰壳为主的介质，混入至多等体积的园艺砾石。这样就能达到非常顺畅的排水效果并减少多余的养分——而这正是此类植物最喜欢的生长条件。在此基础上，它们仍需要每周至少浇一次水，每两周施一次肥，以免造成肥害。

每次播种或是种植都应该用新制备好的介质，任何生长期需要超过数月的作物都需要施肥。

当植物需要换更大的花盆时，尽量每次只加大一号，原根系包裹

« 左图：在上盆工作间外的桌子上，我们摆上了一大堆当季的盆栽，营造出一片充满活力的展示天地

的土球边缘和新容器内壁之间的土壤不应超过5厘米厚。这样能避免因换盆而添入过多的新介质，因为它们在吸收了大量水分后会包裹住植物的根系，影响其健康生长。

每当使用液肥时，务必要抵制调配浓肥的诱惑。植物一次能吸收的养分有限，施肥应当起到补充的作用，而不是刺激它们急速生长，否则只会诱生柔弱的嫩芽，带来蚜虫和真菌问题。强健而稳定的增长才是最理想的。

排水

但凡容器都需要排水孔。许多市售的塑料盆和窗台花箱都是没有排水孔的，遇上这种情况，务必要在底部钻孔。这些排水孔至少得有1.5厘米宽，数量上做到宁多勿缺。至于是否需要垫隔水层(一层碎花盆或是砾石，甚至是聚苯乙烯片)，历来是各执己见，但我总是会铺上一层，哪怕只是用来防止介质从排水口散落出来——一些较大型的陶盆的排水孔还是相当大的。

如果你的花盆摆放在露台或是阳台上，那就得把它们放在一个类似托盘的物件上，以便收集滴下的水。不过也得确保花盆不会因此而常年累月地泡在水中，因为这将抵消排水的效果。你可以用类似垫盆石之类的东西抬高花盆。另一种行之有效的方法是在高出盆底2.5厘米左右的地方钻上排水孔，然后确保在盆里填入的隔水层高过这些排水孔，这样就不会有水漫金山之虞了。

浇水

多浇水远比少浇水更易带来问题。排水不良，再加上浇水不规律，是导致盆栽植物生长不良的最大原因。一般来说，除非是在非常暖和的天气里，大多数植物每周好好浇透一次就够了。

每周浇透一次远比每天洒上几滴水要好得多。事实上，每天少量浇水反而会减少植物实际的水分吸收量，尤其是在炎热的天气里。因为这种浇法，水不会深入土壤底部，这就会促使根系长在表层，而表层的根系远比那些为了吸收水分而深深扎入土壤的根系干得更快。

相同的植物，盆栽比地栽的需水量要大得多，如果是大型速生的植物则更多。我给盆栽浇水时，会一直浇到顶部浇入的速度和从底部流出的几乎相当才停下。如果这种情形发生过快，这就意味着要么介质的排水性太好了，而更可能的情形是，植物的根系长满了整个盆器且已经干透，盆中余下的土壤已不足以吸收更多的水分了。这种情况下，需要把花盆浸在一桶水中，直到土壤不再冒气泡为止。如果土壤已经非常干了，这可能需要花上足足半个小时。接下来就得把植物重新种到更大的盆器中，添加新土，让根系得以继续长大。

灌溉系统造价不菲且颇费周章，但它们能节省时间。所以如果你需要经常外出，那就很有必要了。从环形管道发散开来的独立管道能深入每一个盆器，缓慢地把水滴到每一棵植物的根部周围。这就确保了水分蒸发量最小，既没有四散的水花也不会因为水而有损花、果或叶，用水量也远比兜头浇水节省得多。

任何时候都不要用堆肥或覆根物把整个盆器填满，盆口到土表应留出足足2.5厘米的空间，这样浇入花盆的水可以在土表形成一个小水坑，慢慢渗入介质，而不至于一浇水就直接溅出来，尤其是在介质很干的时候。

盆栽问题

盆栽植物似乎特别容易招致虫害和病害。这几乎是无可避免的，究其原因无外乎盆栽植物较之地栽植物，可能需要承受更大的压力。有时是因为水分和营养摄入不足，有时则是过量，它们往往会受到更多寒冷、烈风和暴晒的考验，尤其是那些种在露台上的盆栽植物。玉簪就是一个很好的例子。我在花境中种了很多玉簪，几乎都能免于蛞蝓之害；而另一株盆栽的波叶玉簪在每年夏末都会被蹂躏殆尽，与此同时，一米开外的同品种玉簪却毫发无伤。因此，要么选择那些在哪里都能随遇而安、茁壮成长的植物，要么你就得在摆放花盆时，留心找到最适合所选植物安然生长的地方。

水肥过量会激生出大量茂盛的嫩枝叶，这对蚜虫、蛞蝓和蜗牛等以吸食植物汁液为生的昆虫有着无法抗拒的诱惑力。理想的做法是种植健康的植物，这并不意味着植物体型有多大或是花有多繁盛，而是指它们对环境有足够的自愈能力，无论身处何处都能很好地适应。

葡萄黑象甲常常会潜伏在我们从园艺中心购买的容器苗木中，继而进入我们的花园。因此在购买任何植物之前，有必要把它从盆里提起来，检查一下根系，确保没有葡萄黑象甲藏匿其中。

背阴处的盆栽

即使是浓荫最深处，也能放上一个种着蕨类和常春藤的花盆，看上去既神秘又富有戏剧性。不过，大多数荫蔽的地方多少也会有些阳光，所以你可以在容器里种什么，取决于它所处的位置在一天中有多长时间处于浓荫之中。

即使是浓荫最深处，也能放上一个种着蕨类和常春藤的花盆，看上去既神秘又富有戏剧性

右图：类似珠宝花园中的那种大号花盆，必须采取近乎夸张的种植手法，其中的植物在生长季节做到至少更替一次 »

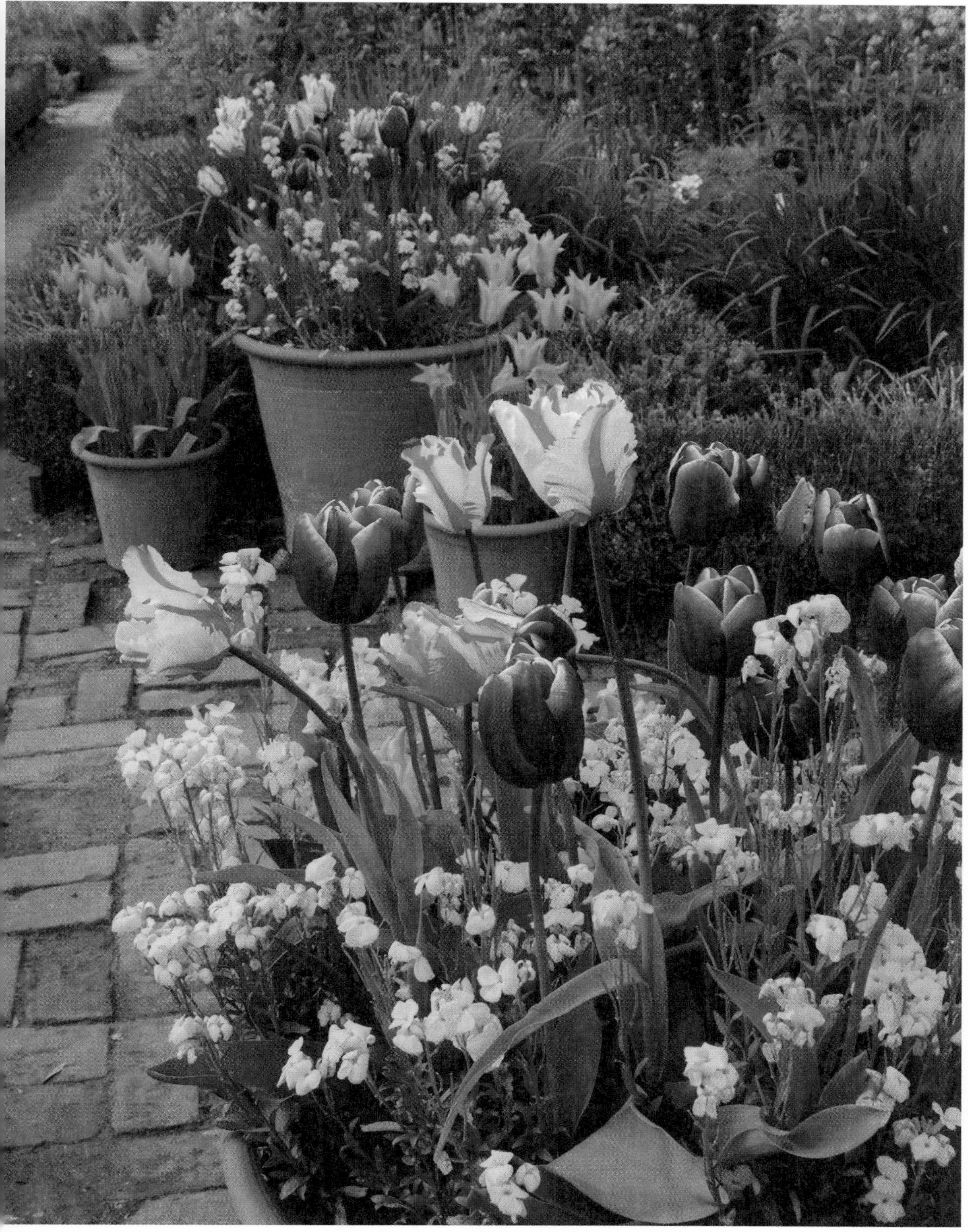

清晨时段的遮阴环境对某些植物而言是极好的保护伞，如山茶花。它们的花瓣一旦受冻，很容易被强烈的阳光灼伤，升温过快会导致花瓣迅速解冻、细胞破裂。正午时分的阴凉可以防止浅色花朵焦灼。除了酷爱高温的种类，所有植物都更喜欢在中午的阳光下能有所遮挡。

而傍晚时分的遮阴处则适合白色花朵，它们吸引飞蛾而不是蝴蝶来为之授粉，而且往往格外馥郁芬芳。

将柔毛羽毛草、扁桃叶大戟和矾根等林地植物混植在盆中，再配上几串垂逸的小蔓长春，只要每天能有几个小时的日照，并保持盆土不至于干透，它们就能非常惬意地生长。

把蛤蟆花和刺老鼠簕种在大花盆里效果会很棒——我们在旧镀锌浴盆里就种了两棵，尽管被放置在阴暗的地方，它们却一样茁壮成长，这足以为证。要是还很干的话，刺老鼠簕或许是更好的选择。

对于又干又暗的场所来说，蕨类植物是兼顾有效性和美观性的解决方案，作为盆栽也很好看。即便是缺光少水的环境，欧洲鳞毛蕨也可以安然无恙地长大。黑鳞刺耳蕨特别耐旱，大部分的铁线蕨和多足蕨亦是如此。在理想的情况下，盆栽介质应该用到一半的腐叶土（而不是堆肥），从而起到减少肥力又不失保水性的效果。注意蕨类植物需每周浇水。

大花盆物尽其用

在珠宝花园中央有4个大花盆，每年秋天我总会在里面种上郁金香种球，以期来年4月能得到绚烂的展示效果。在种球的上面，我会种上桂竹香。郁金香种球破土萌发后，就会从桂竹香丛中窜出来，形成一番热烈的景象，一直持续到5月中旬。花季过后，这些植物将被清理出盆，桂竹香化为堆肥，郁金香则被放到花园某个角落，待它们彻底凋谢后，留待明年再度种下，以供切花之用。（不过，从展示效果的角度考虑，我更建议每年购买新鲜的郁金香种球。）然后，我会在大花盆里重新种上植物，足以美美地展示到11月。这就意味着，花盆的中央需要有一棵中心植物，起到奠定结构的作用，中间层充斥着具有体量感的植物，而底部则应当充分展现出枝蔓缠绕、花开不断的效果。

盆栽为尝试新事物、打造新组合和创造戏剧化效果提供了绝佳的机会，应当做到一季一新。大花盆想要达到最佳的效果，需要种上多棵植物；这一法则显然也适用于吊篮、窗台花箱和花槽。

设计窍门

容器要想在大花园中运用得宜，关键在于——相悖于露台花园或是阳台的“容器即花园”的做法——要让它们和周围的一切承接应和。把花盆看作完全独立的花卉展示是错误的。它需要适应周围的环境——包括建筑物的颜色和纹理——就像任何种植在花境中的灌木或草本植物一样。

但大可不必用容器取代花境或让两者泾渭分明。在花境中放一个大小适宜的花盆，或许可以把它抬高放在某种底座上。这种做法既可以增添变化和质感，也可以让你有机会种植一些或许并不适合原有土壤条件的植物，使之成为整个花境的成员之一。

容器大并不意味着你只要用很多不同的植物填满它，就一定会好看。这就好比优美的插花作品，成功的秘诀在于克制的植物选择，在颜色、形状和生长习性上都要做到协调。

大型容器也是吸引视线的好方法，引导欣赏者的目光向着你想要的地方去，无论是远景的尽头——小路、入口或是焦点两侧的一对花盆，都能创造出真正意义上的期待感，或任何类型的给人惊喜、令人驻足的视觉转移。花园越小，效果就越好。

较大的容器，比如说浴盆是种植攀缘植物、灌木甚或小树的理想盆器。多年来，我用盆栽的方式种植过攀缘月季、铁线莲、山楂、葡萄牙月桂和枫树，长势都很旺，柑橘、月桂和大型迷迭香灌木也是如此。

量少而体型大的盆器令空间显得更大，而众多小盆则看起来杂乱无章

大型花盆也是一年生攀缘植物的理想选择，比如那些依附在临时性藤架上生长的香豌豆、电灯花、黑眼苏珊和牵牛花。重要的是在生长季结束时换上新的堆肥介质，因为植物已将旧介质中的养分消耗殆尽了。

量少而体型大的盆器令空间显得更大，而众多小盆则看起来杂乱无章。不过可以在一堆小花盆里种上当季的热点植物，围放在一个大花盆的四周，而大花盆中则种上相对固定的植物，这么做一般总是不会错的。成排成列的小花盆里则可以重复种植相同品种的植物。我的雪滴花、报春花、番红花、薰衣草和天竺葵都是这么种的，看起来的确非常棒。

盆栽要点速览

1. 集中摆放花盆，或成群或对称地陈列在一条路径的两侧，或是沿墙摆放。重复的小盆可以给人留下深刻的印象。

2. 大花盆是吸睛的焦点。戏剧性地使用它们，打造出如舞台般的效果。

3. 种植也要换季。一个好花盆价值不菲，值得尽可能长地保持美

观的姿态。每年至少应当换两种不同的植物组合。

4. 永远不要重复使用旧的盆栽介质，因为里面的养分都已被消耗殆尽。

5. 不要过度浇水，并始终确保排水通畅。一周一次浇透，远好过每天洒几滴。

6. 暴露在风中的花盆比那些有遮挡的干得快得多。挂篮在这方面特别脆弱，窗台花箱和露台花园同理。把花盆组团放在一起，会形成更多的保护并减缓水分蒸发。

7. 切忌养分过量。稀释的高钾肥有助于培育强壮的根和花。避免一味施用高氮肥料，这只会促生茂盛的嫩枝叶，吸引害虫和疾病。

攀缘植物

想要最大化地利用现有的花园空间，方法之一就是要利用第三维，尽可能地向上发展。一座高低错落的花园远比平铺直叙的地毯般的空间来得更有趣，景观也更多样。

从中期来看，这意味着种些小树，竖起三脚花架和框架供攀缘植物落脚，选择那些能长得又快又高的开花植物——即便只是非常普通的如飞燕草、蜀葵、毛蕊花和向日葵之类的植物。

大多数房屋至少有一面墙可以充当种植的背景墙，而绝大多数花园的外沿都有围墙或栅栏环绕。这些都是牵引攀缘植物的理想场所。不论花园多小，你都可以轻轻松松地在其中立起篱笆和墙面，这样可以立即增添两个垂直面供植物倚靠生长。事实上，许多小花园都是垂直生长空间大于水平生长空间的。

植物的确几乎在哪儿都能生长，但如果你想充分利用现有的资源，那么必须选择那些在你种下它们的地方能够茁壮成长的植物，而不是仅仅能苟延残喘的。可用空间越小，越值得为选择而费心思量。当你想要打造某个特定主题或色系时，如果你有足够的空间可以种下6种相关的植物，那么即便一种失败了，也没什么大不了。但如果空间只允许种下一棵样本，它要是搞砸了，整座花园都会受牵连。

善用方位

搞清楚你家花园的东南西北至关重要——对攀缘植物而言更是如

右图：珠宝花园中盛放的铁线莲‘紫罗兰之星’»

此。一面朝南的墙本身是坐落于屋子或花园的北面的。种在那里的攀缘植物能充分享受阳光的洗礼，从早中到日暮，也就是冬天从上午9点到下午3点，夏日从上午10点到晚上7点。无论是从北面还是东面吹来的寒风，都不会伤它丝毫。那里阳光明媚，又热又干。墙面的地基总是干燥的，即便是一场像样的大雨之后也是如此。砖石会吸收土壤中的水分，也会反弹很多雨水。所以任何种在朝南墙前的植物需要更多的灌溉和覆根保护。

许多相对皮实的植物都可以在朝南的墙前茁壮成长，如紫藤、茉莉花、一部分月季、大部分果树、美洲茶、悬果藤、耳药藤和络石。但是大多数的铁线莲（除了花期很早的卷叶铁线莲和常绿铁线莲）以及忍冬和有些月季会觉得那里太热太干。

朝北的墙面绝大多数时间都是在背阴处，即便是日中时间也是如此。这一特点本身并不是什么问题，但是喜阴的植物范围毕竟有限。它们常常开着白色或非常浅色的花，原因显然是为了让所有可能的传粉者更容易发现它们。

铁线莲‘月光’在全光照环境下几乎会褪色至透明，而在阴暗处则会保留强烈的白色光芒。我有一株绣球藤组的铁线莲，它在北墙上极其快活，而处处可见的铁线莲‘繁星’，如果能脱离烈日的暴晒，其花色能保持得更棒，不过如果能选择生长之处的话，朝东的墙可能会更好。长瓣铁线莲是我最喜欢的春花型铁线莲之一，它们在北墙的背风处会很受用。你也可以尝试栽种白色的长瓣铁线莲‘雪鸟’。可爱的藤月品种‘卡里埃夫人’和勃艮第红色的藤月品种‘贾博士的纪念’就非常适合种在北墙。此外还有常绿的蔓生月季‘阿尔贝里克·巴尔比耶’，它有着大量小小的象牙色的花朵。

常春藤在浓荫深处也能生长，而常绿的藤绣球在定植初期长势较慢，但同样喜阴，给它一整堵阴面的墙篱，它会回报以汹涌的白色花

« 左图：把铁线莲‘波兰精神’盘绕在木支架上

海，让人无法忽视。

朝东的墙又阴又冷，而且还会暴露在早晨的明亮阳光下——在春天，这会导致新开的花朵因为霜冻后的极速升温而灼伤。因此，永远不要在东墙边种茶花。然而，大多数的早花铁线莲，如各种绣球藤组铁线莲、高山铁线莲或是长瓣铁线莲在东墙都表现出色，所有的忍冬和许多月季也是如此。木瓜海棠是东向墙前理想的灌木品种，尽管大多数果树需要热量才能促进果实成熟，但东墙对扇形修剪的欧洲黑樱桃树来讲是理想的生长之地。

藤本月季几乎都喜欢西墙，
忍冬也一样

最后，朝西的墙面在各方面几乎都是最为理想的。当太阳向西移动时，光线携带了更多的热量，所以朝西的墙比朝东的墙要温暖得多，光线也会变得更密实、更强烈。花的浓重的颜色似乎能吸收并反映出这种特质，所以橙色、紫色和深红色在西向时总是最好看的。因此，晚花铁线莲，像是葡萄叶铁线莲或杰克曼尼组铁线莲都是理想的选择，因为它们的花色多是紫色和李子色一类的。

藤本月季几乎都喜欢西墙，忍冬也一样。山茶花也能过得不错，所有需要结果的果树都能充分成熟。香豌豆在西墙下可以长得很好，要是把它们种在面南处则会是个错误，因为这样会太热太干。

种植和支撑

所有的攀缘植物都应该种在离墙壁或篱笆至少半米远的地方。这在一开始可能看起来很奇怪，但是如果用杆子把它们略向着墙面倚靠牵引一下，很快它们就会开始沿着墙篱垂直向上生长，这样根系和植株都会获得更大的生长空间，而且不至于太容易干旱缺水。

种植攀缘植物前需要搭建好坚固的支撑物。月季、紫藤和果树最好依附在水平的攀爬线上。使用12或14号镀锌铁丝，将其固定在距离篱笆或是墙面至少2.5厘米的羊眼螺丝上。这样将来绑扎枝条的时候会更方便，通风也会更好。横向每隔45~60厘米就需要安上一条铁丝，通过紧线器调节松紧。

铁线莲和忍冬最好用格架依附攀爬在墙面或篱笆上。可以是独立式的（但务必确保支撑格架的柱子要非常结实，不然风会像吹起船帆一样把它们吹起），也可以用螺丝固定在某个平面上。就像前文提到的铁丝支架一样，确保格架不是平贴在墙面上的，而是用木块垫起后固定在墙上，这样格架背部才有空间，方便需要系扎植物枝条的时候能把手伸进去。

我喜欢种铁线莲——尤其是那些每年春天都需要重剪的晚花品种，此外还有香豌豆，把4或6根结实的棍子插进地里，用绳子固定住，搭成塔形花架供其攀爬。爬架的木棍可以在修剪的时节根据需要更换，而不会干扰植物的正常生长。

花 灌 木

用种树的手法来种灌木，挖一个宽敞的洞，翻松底部土壤，但又不至于挖得过深。不要在种植孔中添加有机质，除非是遇到土质非常黏重的情形，这时添加适量的花园堆肥和园艺沙砾或是干净的粗沙，将有助于打散土壤结构，利于种植初期根系的生长。

种下之后总要覆上一大片厚厚的堆肥。还要好好浇透定根水，即便是在潮湿的冬天也不例外。为小灌木留下足够的生长空间——如果看起来太空旷，你可以临时性地种植一些球根、一年生植物或者观赏草来填补空隙。

记住，修剪会促进生长，所以如果你有一棵发育不均衡的灌木，就把较弱的那一侧修剪得狠一些，而发育良好的那一边暂且放在一边。这将使它重建平衡。

灌木并不像春季的球根花卉、山楂树篱或是鸢尾花那样魅力四射。在它们不开花的月份难免显得枝枝桠桠、张牙舞爪。但最重要的是，灌木提供了不可或缺的中间层，从而填补并联结了低矮的花朵和高大的树木之间的空间。

鲜有花园可以弃花灌木而就。其他类别的植物不具备与之相当的品种范围广度，其优美的长宽比例关系亦是无可媲美。灌木木质化的结构意味着它的花朵和叶子能较好地保持形态，而无需外力支撑。

灌木生性强健。其中许多种类能抵御寒冷和疾风，战胜兔子的破坏和园丁的怠慢。许多灌木会对诸如稍事修剪、除草等细微的关怀做出感激的回应。它们向园丁索取极少，却回报了很多。灌木丛

右图：蝴蝶荚蒾‘玛丽亚斯’层层叠叠的盛花景象 »

或许会让人联想到潮湿阴郁的维多利亚时期，但实际上我们没有理由怀疑，它们将在一整年以及未来更多的时光里，照亮和丰富你的花园。

耐阴型灌木：竹子、山茶属、墨西哥橘、桂叶芫花、胡颓子属、八角金盘属、丝缨花、金丝桃属、棣棠花、十大功劳属、高加索桂花、火棘属、高山茶藨子、茵芋属、川西荚蒾等

香花型灌木：醉鱼草属、美洲茶‘凡尔赛的荣耀’、墨西哥橘、蜡瓣花属、瑞香属、胡颓子属、金缕梅、忍冬属、丁香属、木兰属、木樨属、月季、荚蒾属等

冬花型灌木：蜡梅、欧亚瑞香、丝缨属、郁香忍冬、台湾十大功劳、早春旌节花、博德南特荚蒾、香荚蒾、地中海荚蒾、迎春花、金缕梅等

适合小花园的耐定期强剪的灌木：醉鱼草属、各类山茱萸、接骨木属、短筒倒挂金钟、榛树、华中悬钩子、欧洲紫柳、锦带花属等

紫叶灌木：红羽毛槭、紫叶加拿大紫荆、紫叶大果榛、黄栌‘皇家紫’、紫叶海棠‘雷蒙娜’、悬钩子叶蔷薇、西洋接骨木‘古因克紫’、紫叶锦带‘佛里斯紫’

适合碱性土壤的灌木：小檗属、短喉菊属、黄杨属、岩蔷薇属、栒子属、瑞香属、溲疏属、胡颓子属、鼠刺属、卫矛属、连翘属、倒挂金钟属、长阶花属、棣棠花属、猬实属、十大功劳属、木樨属、牡丹、山梅花属、委陵菜属、火棘属、茶藨子属、迷迭香属、悬钩子属、丁香属、荚蒾属和锦带花属等

适合酸性土壤的灌木：帚石南属、山茶属、桤木属、欧石南属、白珠树属、绣球、山月桂属、南白珠属、马醉木属和杜鹃属

草　坪

我知道有些人（不得不说大多数是男人）最关心的，莫过于他们的草坪是否尽善尽美，任何杂草都被视为对他们男子气概的侮辱。但一直以来，我总认为这无关宏旨。我所追求的只是一片碧绿的、长满青草的平坦地带，而几株雏菊、三叶草、蒲公英、剪股颖或青苔也不会给我带来太大的困扰。

草坪，顾名思义就应当是一片经修剪的草地。草的天性决定了如果它们能得到有规律的修剪，就会慢慢赢过周遭的其他植物。因此，事实上草坪显然应该是仔细修剪过的，这也就意味着它们通常或多或少应该是芳草萋萋的。

说到修剪草坪，最有可能犯的错误就是剪得太短。对于草来说，最健康的高度大约是2.5厘米——远比大多数人的常规修剪高度要高得多。此外也不宜一次修剪得过狠，尤其是在春天。稍事修整就会带来显见的不同——而且远比偶而为之的刨地皮式剪草要快得多。

铺设草坪

适合草坪生长的土壤应当是有厚度且排水顺畅的。所以最重要的莫过于在铺设前彻底深挖，打散所有结块的土壤。好的排水能力是种好草坪的关键。在播种或铺设草皮前，尽可能多地在土壤中混入沙子或沙砾，这比干其他任何事情都有用。

草坪所呈现的状态是土壤情况的真实写照，所以铺设草坪前务必要非常小心地把地耙好。因为即便是厚厚的草皮也会放大而不是隐藏地面上的任何坑坑洼洼。接着，用脚后跟着地的方法，把所有耙过的区域踩一遍，踏平任何凹凸不平的地方，然后再通耙一遍。

如果你的草坪是籽播的，那么你必须在一块完美无瑕的草坪和皮实耐践踏的草坪之间做一个取舍。两者基本上无法兼得。

耐践踏的草坪适合全家肆意撒欢，用途一般也更为随意，这种草坪往往会用黑麦草；而那些你在保龄球场或高尔夫球场看到的完美草坪，用的则多为紫羊茅。这个品种能达到更为精细、如天鹅绒般柔软的表面，且相当耐修剪，可以剪得很短，但完全不耐踩。

背阴处的土壤需要特殊的混合草种。如果不确定用哪种的话，混播黑麦草种会比其他精选草坪品种要便宜得多。一分钱一分货，草种的价格也大多如此。

购买草皮的话，要挑选那些又湿又绿、厚薄适度且无杂草的。长卷好过短片，因为前者干旱缺水要慢多了。草皮最好是在准备铺设的当天送达，要是你没法在送达后的48小时之内动工，那就得把草皮卷展开，平铺在某个平面上，并好好浇水。

养出好草坪的秘诀在于阳光、水分和排水通畅。只要做到这三点，草就一定会茁壮成长，而只要是草长得好的地方，几乎所有其他的植物都会退居二线，苔藓、雏菊、蓟、剪股颖、毛茛和蒲公英亦不能例外。

养出好草坪的秘诀在于阳光、水分
和排水通畅

日照量固然无法控制，但是你可以剪短突出的树枝；大多数时候，常规雨水量足以提供水分。在英国，我从不会给已经扎根的草坪浇水，因为草是非常坚韧的，即便经历看似灾难性的干旱，它们也能

右图：有时候，你所需要的无非是割好的草坪和修剪过的树篱所带来的质朴之美 »

恢复过来。而排水却是养护环节最难的一环，因为恰恰是行走在草坪上这一必然的举动——更不用说骑自行车或踢足球了——会使土壤变得紧实。这就是为什么每年秋天和春天都要给草坪通通气，如果土壤已经变得黏重的话，还得刷些沙子进去。

草坪常见问题

1. 蚯蚓是健康土壤的标志，把它们的排泄物扫回土壤可以起到肥土的作用。在秋天的几周时间里，它们或许有些惹人生厌和不甚美观，但长期而言并不碍事。

2. 蚂蚁变得越来越常见，它们会产生粉末状的细小排泄物，但同样不会造成真正的伤害。只需将其扫回草地即可。

3. “仙女环”和淡棕色的毒蘑菇是由硬柄小皮伞菌造成的。通常，此类真菌会刺激感染部位边缘的草生长，导致其变成深绿色。造成此类感染的常见原因多是草坪里有腐烂的东西，如老树桩或树根。

4. 大蚊的幼虫以草根为食，会造成斑枯。处理这个问题最简单的方法就是让草坪保持通风，防止土壤板结。

5. 红线病会导致草坪成片褪色，其间出现红线状的感染。

6. 金龟子的幼虫会啃食草根，草坪会因此而成块变褐枯死。可以吸引大量的鸟儿进入花园，它们会很乐意为你分忧。拔掉受影响的草，重新播种或铺上新的草皮。

杂　草

想知道什么植物在我的花园里总能常胜不衰吗？无论风云如何变幻，每年都能茁壮成长？答案几乎是肯定的——杂草。我几乎可以确定，它们在你的花园同样也能“生机勃勃”。杂草是植物中的英雄，具有超强的适应能力，无论在哪儿都能幸存。无论什么天气，总能超越周围所有植物而大获全胜。

杂草未必天生就是杂草，有些最早是以奇珍的身份引入我们的花园。其中最臭名昭著的莫过于1825年引进的日本虎杖，时至今日，它们已被正式列为英国最让人头痛的杂草，种植日本虎杖也成了违法行为。

有些则只是因为在某个特定的花园长势过于强健而变成了杂草。任何具有自播能力的植物都存在演变成杂草的风险，某些具有入侵性的宿根植物同理。我种在珠宝花园里的缘毛过路黄‘鞭炮’就是个很好的案例，又或者是正在悄然占领潮湿花园的荚果蕨，两者最初可都是我精心养育的小宝贝。

然而，千万不要小看杂草。它们是你花园中适应性最好、最成功的植物，深谙如何把你的每一寸土壤发挥到极致。研究花园里的杂草和它们生长的地方，你将会领悟哪些植物或许更适合你的花园。

1. 大量的钝叶酸模、问荆（俗称节节草）、滨菊、匍枝毛茛和灯心草说明你的土壤排水不良，相当黏重。

2. 菊苣、旋花科植物、蕨麻和大车前草都是土壤板结的明确信号。

3. 如果你的土壤是酸性的，那么你的花园将会是蒲公英、异株荨麻和小酸模的乐园。

4. 多蕊地榆、白花蝇子草、新疆白芥、虞美人和垂花飞廉表明土壤偏碱性或者属于pH高于7的石灰质土。

5. 荨麻同时也是高磷酸盐和高氮的标志，且总是在动物和人类聚集的潮湿地区生长。

6. 雏菊、野胡萝卜和毛蕊花往往长在贫瘠的土壤之上。

7. 如果你发现花园被繁缕、宝盖草或反枝苋占领，这倒是值得庆祝一番，因为它们是土壤肥沃的标志。

无论你是如何陷入这番境地的，总之有花园的地方就会有杂草，势必会占用园丁大量的时间和精力。不过，它们中有不少还长得挺漂亮。蒲公英、匍枝毛茛、羊角芹和雏菊都有可爱的花朵，尤其会成群成片地出现（唉，它们经常是这样）。如果抛开我们精心设计的花园结构和主题的话，杂草不失为最适应我们的土壤和环境的理想植物。

好消息

好消息是杂草越多，说明你的土壤越健康，条件越好。另外，杂草的种类越多，说明最终你有机会种植的植物范围就越大。不同类别的杂草还能吸引大量不同种类的昆虫，这一点对实现花园的整体平衡非常有帮助——这本身也是成功实现有机园艺的本质所在。

杂草是优良的绿肥来源。务必在结籽前剪掉花序，植株的顶部可以用来做堆肥，根部挖出待其枯死之后可以覆土掩埋，随后的分解过程可以释放出大量的有机物，起到肥田和改善土壤结构的效果。

有些现代的杂草本身是可食用的，故而会被人工种植。春天，许多人会把嫩荨麻当作蔬菜食用（类似于菠菜）或是煮汤。我个人就觉得它们挺好吃的，而且铁含量还特别高。过去，人们会采摘野生的羊角芹、繁缕和藜，甚至把它们当作蔬菜来人工栽培。谁又能知道，眼下的哪种金牌蔬菜几百年后会不会变成狂野肆虐的杂草呢?

右图：杂草不仅对野生动物有益，管理得当的话也能如精心修剪的花境一般赏心悦目 »

和杂草打交道

我个人是有机园艺践行者，从不使用任何化学药物，所以不提倡使用除草剂。不管你对使用化学药物怎么看，我的经验告诉我，大多数杂草在不使用除草剂的情况下都是可以控制的。当然，未雨绸缪总好过亡羊补牢的道理自不言而喻。

首先，当你新买入或是获赠一棵植物时，务必要仔细检查，尤其是木本植物。它们的根部很容易隐藏着某些羊角芹、旋花科植物或偃麦草的根。

其次，就是要避免情况恶化——或者说，至少不要更糟。当你发现杂草的苗头，就要当机立断将其消灭。在实践中，这意味着将是一场持久战。我会把这看作是一种机会，迫使我更好地了解我的植物和判断土壤状态，同时这也是保持花园持久美丽必不可少的一部分。所以别把除草看作是强加于身的可怕负担，把它当成真正的园艺的一部分来享受吧。

化学除草剂往往能摧枯拉朽般地消灭各种杂草，但它们也同样能把你想要保留的植物毁于一旦，更不用说对土壤里的微生物多样性和花园中的昆虫所造成的打击了。化学品公司大力推广除草剂看中的是它们所带来的丰厚利润，而且它们在短期内确实会很有效。但从中长期来看，它们会对整个生态系统带来持续的伤害，那不是好的园艺该有的样子。园艺是为了爱护和滋养我们可爱的地球，而不是摧毁任何暂时阻挡我们前行的东西。

管理杂草的另一种思路在于将它们囿于可控范围，而不是任由它们反过来控制你的一举一动。具体方法如下：

1. **时机：**必须在结籽前清除杂草。俗话说得好："一载播种，七年除草。"如果你没法把它们彻底挖除，那就剪掉它们的地上部分，需要的话可以动用割草机，直到你能把它们处理妥善。

2. **锄草：**如果你也种蔬菜，那么锄头对于清除杂草是必不可少的。锄地的秘诀在于少翻勤锄。干燥晴朗的日子最宜锄草，尤其是早上，这样翻出的杂草在阳光的暴晒下很快就会枯萎死去（如果换成潮湿的环境，它们则可以而且经常会卷土重来）。锄草的秘诀在于：保持刀片锋利，轻轻地翻开土表，并配合以来回推拉的手法，而不是对着某棵杂草猛戳一气。如果你想开垦一块杂草丛生的土地——记住，杂草丛生意味着土壤状态良好——趁着杂草还没有开始结籽，最好是用鹤嘴锄或是大号耨锄，尽可能地把它们都耙到一起，然后拿去做堆肥，接下来再把整片地都翻一遍。这番操作并不能帮你摆脱那些多年生杂草，但足以用来种植一些速生且有一定抑制杂草作用的蔬菜，如土豆、豆类或是南瓜，抑或是种一些绿肥植物。

3. **用手除草：**锄头对于花境来说往往是一种过于粗暴的工具。应对这种情形，答案是跪下来，小心翼翼地用手指和手铲叉除每一丁点杂草。我爱这种操作。你能真正地了解到你的每一寸土壤和每一株植物，包括正在萌发的幼苗和多年生草本。这样可以显著改善局面，而又不至于造成重大破坏。

4. **根系：**去除所有多年生杂草的最好方法，就是彻底清除它们的根系。对于荨麻或悬钩子来说，做到这一点其实挺容易的。但是对于旋花科植物、羊角芹和偃麦草来说，即便是再小的根屑都能长出新的植株，而且由于它们很脆，一不小心就会折断一截，然后落地生根。但也不要因此而心灰意冷。我们总会漏下些根系。只要一发现有新长出来的，马上除去就好。只要适时干预，你就能把控它、削弱它，继而减少蔓延的趋势。

5. **覆根：**为每一寸裸露的土壤覆盖上一层不透光但透水的覆盖物。花园堆肥是最好用的，但其他任何能达到上述要求的也都可以。充分腐熟的马粪或牛粪也很好，不过如果牛粪没有充分腐熟则会带有大量杂草种子。

如果你用的是有机覆根物（即会腐烂降解到土壤里的），那么至少得铺上5厘米厚。这么做虽然不能阻止现有的多年生杂草生长，但会使它们更容易拔除。尽管无法根除多年生杂草，但至少能在一定程度上削弱它们。这一点非常重要，因为某些杂草如果得以健壮成长，它们的传播力将是惊人的。一棵旋花一季就可以覆盖方圆25平方米的空间，而一株匍枝毛茛一年可以占据4平方米的领地。

最有效的覆根物能彻底隔绝光和水，使杂草无法生长。厚度在100~150微米的黑色聚乙烯薄膜就可以达到很好的效果。然而，它不仅外观丑陋，还会破坏所有其他植物的生长，所以只适用于种植前的清场。编织塑料地膜是一个更好的长期选择，因为它不阻隔水分，但是它也好看不到哪里去。所以我用的时候，总会在它们上面再铺一层碎树皮。

但如果是在花境里，则需要用到松散的有机覆根物。任何覆盖物都会带来改变，但纯粹从控制杂草的角度考虑，大颗粒树皮表现很棒。就个人而言，我更喜欢用花园堆肥、蘑菇堆肥、砾石或是割草剪下的草屑和硬纸板混合制成的堆肥。

纯粹从控制杂草的角度考虑，
大颗粒树皮表现很棒

使用有机覆根物的优点在于，它们在抑制杂草生长的同时还可以为土壤提供养分，改善土壤结构，同时还能促进你的宝贝植物的生长。但无论你用哪种覆根物，都必须达到一定的厚度方能发挥作用。至少5厘米，如能两倍于此则更理想，总之是多多益善。厚厚地盖上一小块区域也总是远比薄薄地分散在各处要好得多。

如果什么方法都不起作用，那么就坚持不懈地贴地剪断多年生杂草的新枝吧。这是值得一做的，因为这样能弱化它们，至少能限制它们的蔓延。尤其对欧洲蕨和羊角芹来说，这通常是唯一可行的方法，而且行之有效。

我会用火焰喷枪清理路径，这很管用，大概一个月一次的频率即可。然而务必要小心的是，千万别让辐射的热量误伤了邻近的植物。

下面是我的私家最糟杂草列表。

非常难弄的多年生杂草（需要做好打持久战的策略或创造性地与之共存）： 问荆、日本虎杖、小白屈菜

需要非常认真对待的多年生杂草（把每一丁点根都挖出来并且烧掉）： 旋花科植物、偃麦草、匍枝毛茛、羊角芹

需要好好处理的多年生杂草（尽量挖，随时挖）： 钝叶酸模、小牛蒡、丝路蓟、荨麻、翼蓟

好看但具有侵略性的多年生杂草： 聚合草、雏菊、蒲公英、紫花野芝麻、短舌匹菊、大白屈菜、冬沫草、巨独活、圆叶锦葵、车前草、柳兰、夏枯草、蕨麻、起绒草

一年生杂草（永远不让它们结籽！）： 续随子、繁缕、藜、原拉拉藤、欧洲千里光、喜玛拉雅凤仙花、萹蓄、南欧大戟、苦苣菜、欧亚针果芹、荠菜

最后要说的是，不要试图消灭花园中的所有杂草。这不仅能节省你大量的时间和精力，还能大大提高那些以此类植物为生的野生动物的生存机会。一丛荨麻或是零星几株蓟，散落在四处的蒲公英或是一小片繁缕……其利远大于弊。

真　菌

人们总会焦急地写信或发邮件给我，说草坪上出现了“仙女环”（译注：蕈类真菌自然排列而成的圆环或半弧）。它们将一片完美的草坪从葱郁繁茂变得枯萎而又粗糙，究竟该如何应对这种经常复发的状况？又该如何将这些突然冒出草坪的蘑菇怪圈彻底消除？

我能保证，出于同样的原因，秋季也会有很多人急切地询问如何消除恐怖的蜜环菌。还有更多朋友则会担心，不能及时发现蜜环菌而无法挽救自己喜爱的树木。

在我自己的花园里，黄杨枯萎病摧毁了几百米的树篱，破坏了60多株大型灌木球，其中几株已经养护修剪长达30多年。今年我有4棵西班牙桂樱不幸患上银叶病，这是一种真菌感染的疾病，导致叶片表皮与叶肉分离，树木最终枯死。我也无可奈何，只能将它们尽数砍去。

以上都是真菌带来的麻烦。不论是过去的十年还是短暂可以窥测的未来，这些问题都将愈发严峻。

但我仍然真诚地欢迎它们来到我的花园并由衷感谢！缺少真菌的花园，植物将难以生长。仅仅一茶匙的土壤里就生活着上万种真菌。植物的茁壮生长有赖于一个极其复杂的综合体系，真菌便是这体系中的一部分。

大多数真菌以菌丝体的形式存在于地下，广布的菌丝靠分解有机物汲取营养。它们像自行车轮辐一般向外生长，于是草坪上的“仙女环”标记了地表之下菌丝扩展的范围。圆环外侧的草往往比内部更绿更高，因为内部土壤里的营养物质已被真菌消耗殆尽。而在“仙女环”边缘，菌丝向外侧土壤分泌出化学物质，为自身向外发展提供养料，于是外侧的草坪暂时会长得更加繁茂。一旦真菌因为某种因素停止生长直至死亡，“仙女环”内的草地将逐渐恢复健康。所以没有什么比减少土壤板结、促进良好排水更能有效地阻止和限制真菌的生长。

多数真菌生长在温暖潮湿的环境，因此在温和的秋冬以及潮湿的夏季，真菌问题往往更为普遍。事实上，每一座花园都会一直受到真菌问题的侵扰，只不过良好的花园管理可以令情况大为改观。

月季黑斑常常滋生于温暖湿润之处。而果树的根部一旦排水不畅，抑或枝条未做修剪阻碍了空气流通，其溃疡病和疮痂病则会愈发猖狂。因此务必要让光照和气流能够穿过整个花境，抵达每一棵植株。

我真诚地欢迎它们来到我的花园
并由衷感谢！缺少真菌的花园，
植物将难以生长

铁线莲茎点菌会侵入破损的铁线莲茎干进而导致其枯萎。最好的防御方法是深植根系，将茎干埋入土表以下至少30厘米，并为生长中的茎蔓做好支撑，防止被风折断。

蜜环菌生长于地表，自早秋开始在树干上长出一丛丛黄褐色的菌伞。这些菌伞完全无害，但在树皮和木质结构之间生长着大量白色菌丝体，地表下的根系周围则布满黑色带状的菌索。依靠这些菌索，真菌得以从树体枯死的部位蔓延侵染至周边存活的木质组织。

然而生命依赖于真菌。每一座堆肥都需要真菌将植物茎干等木质废料转化为疏松的堆肥。枯腐林木的分解主要是真菌活动的作用。因此，用杀菌剂浇灌土壤，无异于用原子弹杀死一个人，它给花园带来的间接危害往往得不偿失。恰恰相反，我们应该接受并感谢真菌，是它们让我们的花园变得生机勃勃。

有害生物

保持植株健康是防御病虫害的最佳方法。以我的经验来说，使用合适的土壤、顺应时节气候、根据场地挑选植物，都能让种植更加省心省力。

在花园里营造并维持一个平衡的生态系统，也能有效地抵御所谓的“有害动物”。无需过多人为干涉，这个平衡系统就会自然形成，丰富多样的生物将与植物和平共存。

但是很显然，花园并非完全天然的场所。利用当地的自然生态逐步取代严苛的人为控制，可以重建平衡。开始有机种植之初，停止使用任何除草剂、杀虫剂、杀菌剂等农药都会引起一定程度的混乱。或许某些虫害会暴发，或许某些真菌问题以及病害会更为严重。但请你坚持住。花园里一直以来的平衡已被破坏，大自然正在重建规则，而这必将是一场拉锯战。

第一年，所有的问题会变得更糟，但接下去就会渐渐好转。所以，请做好心理准备：植物、害虫以及捕食者之间，大约需要3年时间才能达到自我维持的平衡。这个平衡一旦形成，就能轻松保持。

对所有园丁而言，不论身在何处，都应顺应自然，根据土壤、气候和场地打造适合植物茁壮成长的花园，而非为了收集战利品而一意孤行。不过，某些生物的确会给园丁带来更多麻烦。

鼹鼠

也许是暖冬的潮湿与温和延长了鼹鼠的繁殖期，鼹鼠的数量与日俱增。它们主要在60厘米左右深的地下活动，时刻不停地掘土爬行，形成四通八达的隧道网络。这对于草坪而言是一场灾难。然而，被鼹鼠光顾的花园还是值得宽慰的。其一，这说明花园里土壤健康，含有大量蚯蚓。虽然鼹鼠也吃蛞蝓，但蚯蚓才是它们的最爱。其二，鼹鼠掘土，留下大量鼠丘。这些鼹鼠丘多由花园堆肥和细沙混合而成，是绝佳的盆栽用土。

鼹鼠是独居动物，仅在2月底到5月的繁殖期才与配偶相会。为了寻找配偶，它们会在地下挖掘出长长的隧道。尽管难以置信，但再大的花园也不会有超过2只鼹鼠，因为参照它们的平均密度，平均每1平方千米仅有1只。

兔子

在偏远的乡村，兔子是名副其实的有害动物。我会用铁丝网把所有的果树都围起来，以防兔子啃食树皮。它们一点点啃食树皮，会导致树木死亡。要解决兔子问题，唯一的办法就是设置铁丝网围栏。包围的面积越大越好，围栏底部至少要埋入地下30厘米，顶端要高出地面至少90厘米。这个方法虽然昂贵又痛苦，却能为你最在意的植物开辟一个无兔种植区。当然，请千万记得关门。不过，玉簪、毛地黄、雄黄兰、大戟属、天竺葵、鸢尾、火炬花、牡丹、假荆芥等植物似乎并不合兔子的口味。

蛞蝓和蜗牛

健康植株对有害动物的抵御同样适用于蛞蝓和蜗牛。从鸟类、刺猬、蟾蜍、鼹鼠到甲壳虫，一大批蛞蝓和蜗牛的捕食者自会形成一条平衡的食物链。

种植大量的生菜也是一个有效的小窍门。虽然蛞蝓也吃生菜，但生菜的生长速度远远快于蛞蝓的啃食。前期将生菜种植在没有蛞蝓的区域，如冷床或温室等，待植株茁壮后再移植到户外即可。

蛞蝓的危害不以其块头而论。花园里的蛞蝓主要分为四种：

1. **网纹野蛞蝓：**杂食，一年中可繁殖三代。

2. **庭院蛞蝓：**黝黑发亮，腹部为橙黄色，杂食。它们会吃光豆科植物的地上部分，还会在土豆上留下孔洞。

3. **皱足蛞蝓：**体背黑色，背脊中央有一条橙色细线，大多数时间生活在地下，以根茎作物为食，在地面上则不再挑食。

4. **黑蛞蝓：**颜色多样，但可根据体型大小识别。黑蛞蝓的体长可达20厘米。虽然它庞大的体型看似能把全部家底吃光，但实际上在花园的众多蛞蝓种类中，它的危害是最小的。

皱足蛞蝓能以翻耕松土来应对，网纹野蛞蝓和庭院蛞蝓可徒手捕抓，至于黑蛞蝓，放任不管也不要紧。

毛毛虫

只有一种毛毛虫在我的花园里真正肆虐，那就是粉蝶。粉蝶其实有两种：欧洲粉蝶和菜粉蝶。欧洲粉蝶在芸薹属植物的叶面产卵，卷心菜、芜菁、小萝卜皆无一幸免。上百条黄黑相间的毛毛虫将幼嫩的植株啃得只剩骨架。芸薹属植物带有辛辣的芥末味，可以抵御食草昆虫，却唯独对粉蝶颇具吸引力。粉蝶幼虫啃食叶片，将其中的芥末味成分转化为自己体内的一部分，以防鸟类捕食。（译注：芸薹属植物含有硫代葡萄糖苷，降解的产物具有辛辣的芥末味）

菜粉蝶则把虫卵藏在植株深处。通体碧绿的毛毛虫不如欧洲粉蝶的幼虫易被发现，但它们对植物的危害却丝毫不减。往植株表面喷洒

右图：欧洲粉蝶的幼虫在花椰菜的嫩叶上大快朵颐 »

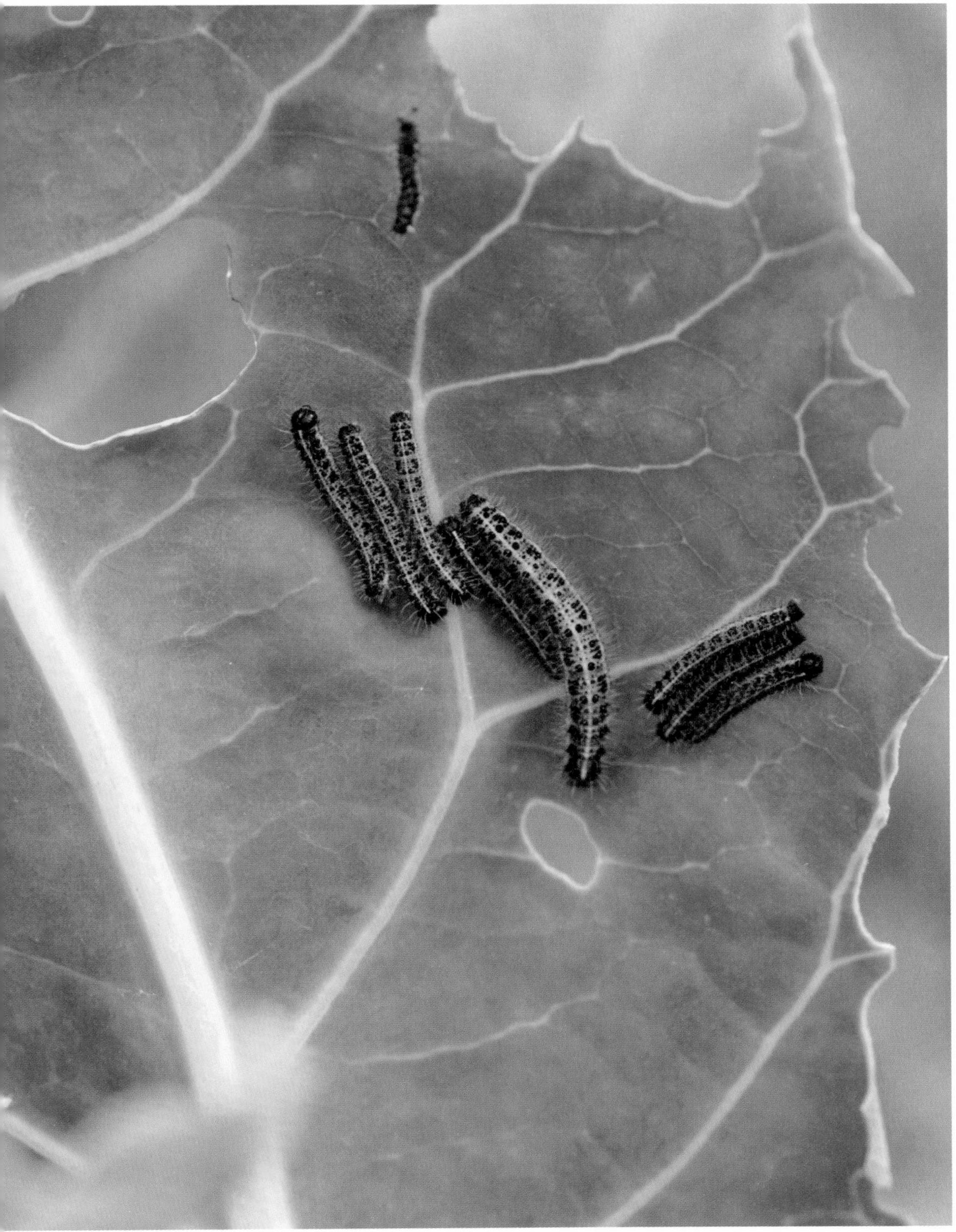

盐水虽有些许作用，但尽早预防才是上乘之计。在种下植株的第一时刻就用孔眼细密的网将其覆盖，直至10月。否则，你就得每日巡视每一棵植株，亲手捉掉每一只毛毛虫。

蚜虫

瓢虫、食蚜蝇和草蛉可以有效抵御花园里的蚜虫，是园丁的好帮手。在花园里种植大量的伞形科植物，如莳萝和茴香，或者留下一片胡萝卜开花结籽，都能吸引它们前来。山雀和寄生蜂也会捕食大量蚜虫。回过头来再说健康的植物，也并非希望它们过分繁茂、枝叶柔嫩，因为那正是滋生蚜虫的源头。

有一种蚜虫在夏末非常干燥的环境里暴发。它们会吃光生菜的根，植株会变得些许枯萎然后突然间完全倒塌。要将受害植株拔除干净，可以用作堆肥，但种植过的土壤要轮作一年，其间不能再次种植生菜。最好的防治方法就是认真浇水。

葡萄黑耳喙象

它们是园艺界仅次于蛞蝓和蜗牛，第二遭人憎恶的害虫，尤其容易祸害盆栽植物。然而我得承认，我从未在自己的花园里应对过它们。葡萄黑耳喙象的成虫形似甲虫，覆有黄色鳞毛；幼虫为乳白色，呈C形。尽管成虫会啃食叶片边缘，留下不规则的破洞，但幼虫的危害更为严重。成虫多为雌性，7月底，它们在寄主植物附近的土壤里产卵，一条雌虫就可产卵百余粒。幼虫继而以植物的根为食，直到来年春天，化蛹为成虫。

有一些病原线虫能攻击其幼虫，可以在浇水时加入。温暖湿润的土壤能让这些线虫正常工作，所以浇水是首要任务。对付成虫的最好办法就是在夜晚打着手电筒搜寻，将它们逐一捡出。对于购买回来的每一盆植物，都要将植株从花盆中取出仔细检查，春季要留意成虫，夏末则要注意幼虫。

鸽子

鸽子会撕扯卷心菜、生菜和豌豆，若不加防范，这些植物就会被撕得只剩茎秆。就像对付毛毛虫一样，对付鸽子用的也是防御之法。如果你所在的区域鸽群成灾，可以配备一些长期使用的保护网，或是能盖住幼嫩植株的笼子。也可以用藤条在花盆上方搭建支架，再覆以轻薄的网纱做成临时性的保护罩。但在网罩和植株之间一定要留有足够的空间，以防鸽子降落在网罩上将其啄穿。

如果无法搭建保护网，也可以悬挂一些闪亮的物件使其随风摆动。在物资匮乏的年代，我们会在牛奶瓶的顶端穿孔，把瓶子串成串。如今，旧光盘或者碎银箔也同样有效。

鼠妇

我对鼠妇抱有好感。地球上的甲壳纲动物大多是水生，它们却是唯一栖居旱地的种类。它们以腐烂的植物为食，将其分解再利用，是生态机器里的重要部件。然而，它们偶尔也会受到温暖潮湿的吸引，躲进温室啃食籽苗。但枯枝烂叶才是它们的最爱，所以最佳的防御之策就是保持温室整洁，及时清理残败植株。

重要的是，它们对花园的益处远大于危害。而且不管怎样，它们还有大量天敌，如蟾蜍、蜈蚣、蜘蛛、马陆以及黄蜂都会捕食鼠妇。而鼠妇的防御策略就是紧缩成一个铠装小球，直到警报解除。

田鼠

即使平常难以见到，田鼠依旧会成为棘手的大麻烦。这些啮齿动物长得和小老鼠一般，大多生活在草丛中，会吃掉植物的种球、根、种子、花蕾，甚至啃食树皮。往往在园丁发现它们之前，就已经造成了不小的破坏。短尾巴的黑田鼠会像旅鼠那样数量激增，引发巨大灾害。它们会将屋里的食物吃个精光，最终成为当地猫头鹰的盘中餐。除了坚忍，人们无计可施，只能期待猫头鹰数量的增加。

老鼠

出乎意料，老鼠除了会给园丁带来惊吓之外，并不会造成多大损害。不幸的是，我们当地的捕鼠者却日渐繁忙。按照他的经验，老鼠往往出没于棚屋和堆肥箱。可以将棚屋抬离地面30厘米，再养一条小猎犬，让它钻到棚屋底下把老鼠赶走。这对于光顾棚屋的老鼠非常奏效。至于我的堆肥箱，20年来我只见到过一只老鼠。其中的秘诀就是将堆肥材料切碎，时常翻动堆肥使其持续发热，并且决不添加肉类、油脂或者任何煮熟的材料。这样老鼠就不会在酷热难耐的堆肥箱中长期筑窝了。

松鼠

在我搬到这座花园之初，这里只有一棵非常古老且粗糙多节的榛树。它每年都结果，但不等榛子完全成熟，我们尚未来得及采收，松鼠就几乎窃取了全部果实。不过一两年以后，我发现地上冒出了榛树的籽苗。原来是松鼠收集并埋藏后将它们遗忘在土里了。榛子萌芽生长，成了幼小的榛树苗。

于是我把它们挖出来移栽到花盆里。若干年后，我就有了上百棵榛树，因此我决定种一片榛树林。现在20多年过去，这片小树林为我们提供了豆类作物的支架，产出了大量榛子，春天更会开满报春花、银莲花、蓝铃花，为花园增添了一份美丽。我想我该感谢松鼠，尽管很难找到一个园丁尤其是护林人能为它们说句好话，至少没人会为北美灰松鼠美言。

这种松鼠原产于北美洲，19世纪时被引入英国。1890年，人们在乌邦寺庄园放养了10只北美灰松鼠，然而它们并非表面上那般新奇可爱。在北美灰松鼠所到之处，本地的红松鼠遭受驱逐，甚至死亡。主要原因是北美灰松鼠取食大量的各类坚果和种子，在春季，它们甚至会吃鸟蛋和雏鸟。红松鼠却只会吃一些小型种子，如松子和云杉种子。

北美灰松鼠还会啃咬树皮，其泛滥成灾已经给林木以及园林树木造成了巨大损害。纤薄的形成层位于树皮和木质部之间，树木赖以生存的养料与水分均通过形成层从根系送往枝叶。不论何种生物围绕树干啃去一圈树皮，都会切断这条输送管道，导致树木死亡。

胡蜂

很少有人是说胡蜂好的。蜜蜂只在最后关头蜇人，并同时断送了自己的性命。但胡蜂却似乎会无缘无故蜇人，甚至会三番五次地进攻。若说熊蜂可爱，蜜蜂憨厚，那胡蜂如何？胡蜂当称恐怖。

若说熊蜂可爱，蜜蜂憨厚，
那胡蜂如何？胡蜂当称恐怖

但胡蜂其实可算益虫。首先，每座花园都有各种胡蜂大量存在。英国共有8种群居性胡蜂，它们共筑蜂巢，成群聚居。大黄蜂就是其中的一种。然而，还有另外230种非群居性种类独自生活。它们有着不同的外观，生活方式也截然不同，却都头似铁锤、纤腰紧束（故有“蜂腰”之说）。它们在干燥的河岸挖洞，捕捉毛毛虫、蚜虫、苍蝇、甲虫甚至蜜蜂，并将这些活着的猎物藏于洞中。

不过到了夏末时分，群居性胡蜂却占据了花园。它们用咀嚼过的木浆建造精致美观的蜂巢。这些蜂巢虽如羽毛般轻盈，却非常坚固，能承受成千上万的胡蜂和卵。每一个蜂巢都是一座精妙复杂的建筑，是一座胡蜂小镇，更是一个了不起的奇迹。

最为常见的问题往往是：胡蜂有何用？它们能干什么？或许你也会问关于人类同样的问题。但总而言之，胡蜂属于食肉动物，它们捕食大量毛毛虫和蚜虫。直至暮夏时分，它们才开始喜好甜食。因为此时此刻，大批工蜂终于结束了筑巢的劳役，得以自由地四处寻觅各种糖分。如同前文所述，作为花园里的有害动物，胡蜂同样有其天敌。獾、秃鹰还有蜘蛛都视其为美味。尤其是蜘蛛，竟是胡蜂最大、最具威胁的死敌，当真不可思议！

蠼螋

夏末时分，大丽花的花瓣常被啃食。原本的光彩因此一落千丈，变得如破烂般暗淡褴褛。罪魁祸首便是蠼螋，对于它们而言，鲜嫩多汁的大丽花无疑是美味佳肴。

园艺上往往建议在夜间诱捕蠼螋。在花朵旁放置一个开口朝上的罐子或者火柴盒，并塞满稻草，蠼螋就会将其视作一处舒适便捷的避风港，在拂晓时分钻进稻草休息。它们自然不会知道不幸即将降临，园丁将会出现，把它们从床上拎起，或许还会结束它们的生命。

但是常见的蠼螋又是一种极好的生物。它们的日常饮食并非完全依赖于大丽花，因为它们几乎无所不吃，就连许多园丁眼中的害虫也是它们的盘中餐。它们喜欢生活在温和潮湿的环境中，英国对于它们就甚为理想。松散的树皮底下，或是茂密灌木丛的枝干缝隙里，都能轻松找到它们聚集的身影，在那里通过释放气味信息素互相吸引和交配。每年年初，蠼螋雌虫在地下的巢穴产卵，大约30粒，虫卵淡黄色。4月，若虫孵化，再经过一系列渐变态发育成为成虫。在此时期，雌虫会保护并喂养若虫，直到若虫长大可以独立外出。

蠼螋看似喜爱大丽花其实是因为在大丽花最为美丽的季节——暮夏到秋季——花冠上密集的花瓣能成为蠼螋理想的庇护所。一旦将自己安置隐藏好，它们总要在周围啃上几口。

蠼螋长有翅膀，会飞，但大多数都甚少飞行，有3种本地的种类倒是飞得较多。我躺床上看书时，床头的灯光常吸引着它们嗡嗡地飞。

蠼螋的性别则可通过尾钳辨认，雄性的尾钳弯曲，雌性的较直。

堆　肥

腐熟的花园堆肥，对土壤、栽种的植物乃至整座花园都大有裨益。尽可能地利用花园的产出制作堆肥，将会是你最大的贡献。

堆肥之于土壤好比酵头之于面团。它的主要作用便是增加土壤中的细菌和真菌，形成合适的土壤环境，帮助植物汲取营养。至于改良土壤，只是其出色的附加作用，施用肥料或者其他有机质都能达到相同的效果。但唯独花园堆肥，富含多种多样的微生物。

土壤中的有机质并不会“腐烂”，而是被消化降解。蚯蚓、细菌和真菌是降解过程的主力军，而许多无脊椎动物——昆虫和线虫，甚至蛞蝓和蜗牛——也都在参与这个过程。据估算，一小撮土壤中生活着数十亿生物体。这些数不尽的生物体将有机质变为养分，并扩散到土壤各处，于是有机质最终能被植物根系所吸收。这个过程漫长且复杂，而其中的细节亦尚未可知。

堆肥之于土壤好比酵头之于面团。
它的主要作用便是增加土壤中的
细菌和真菌

正因为这是一个错综复杂的体系，孤立地对待任何“害虫”或“麻烦”就如同用牛刀杀鸡，必然会破坏生态系统和土壤结构，继而损害整座花园。

土壤中的有机质被彻底降解，成为腐殖质。一般说来，腐殖土就是含有大量长效有机质的土壤。任何富含腐殖质的土壤，只需每年覆盖大约2.5厘米厚的堆肥护根，便能为植物提供良好的生长环境。

制作堆肥

堆肥由富含氮的“绿色材料”和高碳的“棕色材料”混合而成。绿色材料包括修剪草坪留下的新鲜碎草或者废弃的菜叶，棕色材料可以是稻草、干枯的树干，甚至废纸板。

完全使用“绿色材料”，会降解得非常迅速，很快就变成黏滑的烂泥。完全使用“棕色材料”，腐烂降解会慢得多，但最终状态也会更容易掌控。

绿色和棕色的比例取决于堆肥的季节和场地，但最好将碳氮比控制在20：1到30：1之间。草坪上修剪下来的新鲜碎草是花园里最绿的堆肥材料，并且可以定期供应。使用这些碎草堆肥，碳氮比可以提升至50：50。也可以通过材料体积来判断，含碳量高的棕色材料至少应该是含氮量高的松软绿色材料体积的两倍。因此，常备充足的稻草、蕨类、枯树枝抑或废纸板是明智之举。

制作上等的堆肥非常简单直接，有两种方法：一种快速却费劲，另一种则缓慢但省力。无论哪一种，都需要收集家中和花园里的有机物质，包括厨余垃圾、杂草和夏季修剪树篱的碎屑等各种植物材料、废纸板、碎纸片，以及任何可获得的动物粪便。其中，厨余垃圾千万不可使用肉类、油脂或含淀粉的熟食，因为这些原料在降解成堆肥之前，就会滋生虫害。

我的花园里用的是快速但费劲的方法。所有的有机物质都堆到收集箱里，每周处理一次，把有机物质切碎加入到第一个堆肥箱。一台功率适当的割草机非常适合这项工作，更能显著地提升堆肥速度。

第一个堆肥箱装满后，我们将其中的堆肥转移到第二个箱子里，促进其进一步分解。同时，继续用收集箱里的有机物质将第一个箱子装满。

每2~3周把第二个箱子里的堆肥翻搅一次，不过每月一次也依然奏效。这样过了3~4个月，经过3~4次的翻搅，箱子里的材料会散发出令人欢喜的气味，变成松软的棕褐色的堆肥，手感极佳，此时就可以使用了。

把腐熟的堆肥用来栽种蔬果，或者掺在盆栽介质里。尚未完全分解的枝条碎屑，则可以覆盖在乔木、树篱和灌木丛的四周用来护根。

把最好的堆肥用来栽种蔬果，或者掺在盆栽介质里

如果你没有时间或能力定期翻动堆肥，你可以选择“慢”方法。此方法需要准备一个堆肥堆，形状最好是长而低矮的，这样表面积会很大，然后把所有的堆肥材料都集中堆积在这里，任其缓慢降解12~18个月。一年以后，其内部的材料就腐熟成了良好的堆肥，而外部材料可以用来重新堆积一个新的堆肥堆。这个方法虽然操作简单，却需要大量空间并且耗时极长，而多数花园都难以留出如此广大的区域。

无论采用哪种堆肥方式，真菌都起到了重要作用，但完成堆肥过程主要靠的是细菌。为了让细菌更好地分解有机质，需要提供充足的空气和适宜的湿度。翻搅堆肥能增加空气含量，定期让堆肥淋雨或用水管浇淋能保证其湿度。

右图：将园艺废料和厨余垃圾放入堆肥箱，定期翻搅，从一个箱子转移到另一个箱子，直到它们腐熟成完美的花园堆肥 »

工　具

谚语有云:“工欲善其事，必先利其器。”就算一位优秀的园丁可以用任何工具打造美丽的花园，但使用质量上乘且保养良好的工具，不仅是对花园的尊重，也会为园艺工作增添一份愉悦。就像大厨使用高级菜刀一样，园艺工作者也当心怀敬意，尽量使用上等工具。因为一把好铲子能把坑挖得更深，一把好耙具能把土耕得更细，一把好剪刀能把树修得更美。

请相信手动工具和体力劳动。我们已然忘记双手能搬走多少大山。坚持不懈的劳作总是卓有成效，无需借助机器。镰刀割草，斧头劈柴，锯子断木，铁锹和叉翻耕土壤。这些器具专为一个用途而设计并完善。虽使用简单，但能熟练运用这些工具也会让人肃然起敬。

善待每一件器具。工具和设备能一直尽忠职守，绝对值得自豪。珍惜每件工具的特质，了解每件设备的功能。轻易丢弃它们并非明智之举，往往会带来离别之痛。

如果无法自行打造，就尽量选择你能负担的最好工具。评估其质量，以合适的价格买下，然后珍惜地使用并加以爱护。

必备工具

你真正需要的只有铁锹、叉、耙、锄头、挖铲、修枝剪，以及一把小刀。其他工具都是奢侈品。虽然我也享受使用特制工具的那种奢侈感，但不论你有多喜爱各种漂亮的工具，它们都不是打造美丽花园的必需品。

曾经有一位中非的农民来探望我。他又高又瘦，穿着整洁。我带他参观了我的花园，但他尤其痴迷于工具房里的一排排工具。他非常羞怯地告诉我，他耕种了2公顷的土地来供养3个大家庭，而一把鹤嘴锄是他唯一的工具。有一次锄把断了，他只好走上半天的路程找到一棵树，砍成一个新把手，再花半天时间走回家。

每个园丁都该配备一把优质铁锹。市面上有大量劣质铁锹，但一把质量上乘的铁锹不仅能保持边缘锋利，使用起来轻巧便利，而且牢固可靠，可以一直挖到你腰酸背痛，或者像我一样膝盖受不了。优质铁锹更是用途广泛，不仅可以为大树挖坑，还可以精准地给草本植物分株。小号的铁锹具有同样的优点，却更为小巧，更适于狭小空间。

你真正需要的只有铁锹、叉、耙、锄头、挖铲、修枝剪，以及一把小刀

你还需要一把叉。相比于圆形或者扁平的钉齿，我更喜欢方形钉齿，不要太长也不要太弯，最好是不锈钢材质，牢固耐用又可以应付各种艰巨任务。而更为小巧的花境叉可以用来挖取植株，并且不会对附近的其他植物造成伤害。挖坑这样的工作最好还是留给铁锹吧。叉则更适合在挖坑前松散土壤，或者掘取植株。

只用一把耙也能完成花园工作，但拥有三把才更完美。圆齿平头的耙最适合翻整苗床。弹簧齿耙既能翻松草坪，也能收集草坪上的落叶。不过对于花境里的叶子，橡胶材质的耙会很好用，它能保护植株和小苗免受伤害。

如果你栽种蔬菜，一把锄头必不可少。锄头的设计取决于你是要用它垂直破开土壤，还是要横向犁开土层。用锄头切入土壤砍断土里的草根，在我看来是对付小型一年生杂草的最佳方法。一定要选择小巧的锄头，并保持刀刃锋利。为了节省时间而选用宽大的锄刀其实得

不偿失，一把小巧的锄头会好用得多，用途也更为广泛。

对付体积庞大的杂草最好用颈部弯曲的耨锄挖除。而一把优质的鹤嘴锄不仅能用来开荒，还能高效锄草。

你还需要一到两把上乘的小泥铲，最好是一大一小。要记住，廉价的泥铲并不牢靠，所以要挑选做工优良、金属材质的工具。这个忠告同样适用于刀具和修枝剪。和其他切削工具一样，修枝剪的好坏只取决于制作刀刃的钢材。形状、颜色以及其他设计细节的选择可以任凭个人喜好，唯独质量上乘的钢材才能保证刀刃锋利，让修剪变得更为省力。

你的随身园艺装备除了专用的靴子，还应当包括修枝剪。我就一直把它装在口袋里，以至于我的右边口袋都被戳破了。这也算是我使用背带而非腰带的代价吧，因为这样我就无法在腰上挂个皮套来装工具了。

右图：优质的工具让园艺工作变得愉悦，也能陪伴园丁一辈子 »

栽种树木

11月初到2月底是落叶树木（包括乔木和灌木）的休眠期，不论是盆栽苗木还是裸根植株，在此时期的移植成活率最高。

虽然在10月和3月移栽，植株也能侥幸成活，但移栽工作最好还是避开夏季，除非是特别小型的苗木或者你能保证做到每周浇水。事实上，如果错过了3月，最好等到10月再行移栽。

10月中旬到11月中旬是移栽落叶树木的最佳时机。这时的土壤尚且温暖，因此，植物根系还能略有生长，可以在春天萌发新叶以前扎下根来。这也能让植物在移栽之后更为轻松地适应和生长。

常绿树种却不会真正地休眠，也最难抵抗冬季的恶劣天气。它们应当在4月或5月初移栽，这时土壤开始回暖，但天气还不算炎热。9月也是一个好选择，如此植株便可在冬季到来前扎根。

移栽时，越是粗壮木质的根系越无关紧要，最为重要的往往是细如发丝的根须。因为哪怕是再高大的树木，也要通过它们汲取水分和营养。当你准备种植穴时，千万不要将植物的根系裸露在寒风中，否则这些脆弱的根须极易枯萎。所以栽种树木前要让植株喝饱水，栽种时要用塑料袋或者粗麻布将根系保护好，对于裸根植物尤其如此。

种植穴

不论栽种乔木、灌木还是树篱植物，种植穴都应该浅而宽。传统经验里，你要挖一个很深的种植穴，加入大量的有机物质，最后再放进植株。但这其实并不正确，它会让植株生长缓慢，甚至遭受大风大雨的摧残，因为深而窄的种植穴使得植物根系更难伸展。树木的健康并非取决于根扎得有多深，而取决于根布得有多广。因此，种植穴只要挖一个铁锹或一铲的深度即可，但半径却要达到深度的两倍以上。

先用叉子疏松穴壁和底部的土壤再种入植株，将其根系埋在圆锥形的土堆里，让树干或茎干的基部高出地面2.5~5厘米。用脚把土堆四周踩实，再将剩余的土壤回填。如此便能真正地固定并支撑根系，而非将它们挤压在一起。除了特别小型的树木，还要在树干旁倾斜45°迎风打下一根木桩，撑住植株并牢牢绑好。然后浇透水，最后铺上厚厚的覆根材料。第一年里要仔细灌溉，前5年每年都要更换覆根材料，3年以后则可以移除支撑桩。

树木的健康，并非取决于根扎得有
多深，而取决于根布得有多广

树木的营养根基本上都分布于30厘米深的土壤表层。如果一棵植物明显变得衰弱，首先要除去其基部的杂草，除草范围至少要和树冠等宽。然后要细心浇灌并在该区域覆土护根，护根材料以良好的堆肥为佳。

一定要仔细地固定植株，但也不要用力过猛。我发现种植乔木和灌木时用脚踩，种植草本植物时用手按，这样固定土壤的效果很好。

对于盆栽植株，放入种植穴之前要仔细检查根系。如果根系满盆、长成结实的一团或是沿着容器边缘长成一圈，不要强行拆散根系，可以用手指温和地分开一些根须，能够激发根系在土壤里愈合生长。

最终，总是那些适应了土壤和环境的植物生长得最为茁壮。其中一些是通过漫长的进化适应了环境，但更多则是对当地环境的迅速反应。所以要细心种植，为植株扎根创造最有利的条件，因为这是植物适应环境继而健康生长的重要因素。

万物皆有因果。最好一开始就把事情做对。种瓜得瓜，种豆得豆，对于花园而言再正确不过。

我们人类难免会面对诱惑——想要走捷径，试图瞒天过海，期望用某种方法让植物能落地生根、无病无灾、花开不败。

但从实际经验出发，应当全面考虑气候、土壤、季节，以及每一个种植阶段对未来植物生长的影响。从悉心保存种子，到仔细挑选或者配制育苗介质，然后谨慎选择最佳时机移植小苗、上盆或者移栽到户外……整个种植过程皆是如此。你必须日日观察，根据实际情况做出反应，即便有过往的经验也不能想当然地以“应当”或者“可能”来做判断。若你能竭尽全力做到这些，那么植物得以茁壮成长的可能性会很高，而且后续的维护也会更少。

不过，这些忠告永远不会被列入“十大园艺技巧”，因为它们既不能做到平仄有序、朗朗上口，也无法显著地节省时间和精力，更像是一种沾沾自喜式的自以为是。没人会喜欢一个自吹自擂的人，但这些忠告却又每次都那么灵验。

右图：从育苗盘中移植小苗 »

种植养护

我提倡健康的园艺——健康的土壤、健康的植物、健康的动物、健康的花园、健康的生态系统——以及健康的园丁。虽然这并不意味着花园能就此远离病虫害或其他各种问题，那些是不可避免的。但健康的种植方式的确能减少这些困扰，并且帮助花园里的动植物以及生态系统恢复得更快更好。

请多留意植物生长的每个阶段和种植中的每个步骤。人们越来越只关注于最终的收获、花朵或者某种展示效果，但其实整个过程都环环相扣。大多数的种植失败往往归咎于早期的粗心大意。

尽量不要干涉植物生长。相比于短时、剧烈的快速生长，平稳且不间断的持续生长往往能让植物更加茁壮强健。气候变化会使植物的持续生长难以保持，因而园丁就更不应强迫植物加快或延缓生长速率。

把握时机尤为重要。首先要了解你所种植的每种植物，知晓各项工作应在何时完成，然后就进入到下一个更为重要的阶段了。此时，你要仔细观察并做出回应，即使某些情况下会打破惯例，但凭直觉你也知道应该何时采取行动。

不要在花园里留下裸露的土壤。裸露的土面不仅看上去荒凉，而且蒸发速度快，容易被强风吹散，更会长满杂草。在这些区域种植一年生植物、地被植物、填闲作物或者绿肥作物都是不错的办法，哪怕直接用覆根物将土表覆盖也是可行的。别让地空着。

尝试种植原生品种。几个世纪以来，人类一直在培育植物，试图“改良”它们以获得某方面的最大效益。偶然间也成功选育出了比亲本更为优良的品种，丰富了园丁的生活。而园艺贸易也层出不穷地推出新种类以增加销售，仅仅因为这些品种新颖奇特，而并非因为它们有何益处。但事实上，这些园艺新品种往往对野生动物不利。原生品种的花朵虽小，却更有益于蜜蜂和其他昆虫。它们虽然不如杂交品种那般华丽，花期也更短暂，但有着独特的优雅和魅力，并且总是更为强健、更易种植。

让植物在磨炼中成长

要让植物在一开始就长得坚韧顽强。它的生长环境越艰苦，就越能适应未来天气、土壤和季节的变幻莫测。不过同样的条件，对一种植物是“艰苦”，对另一种植物则可能是“谋杀”，因此，要明智地加以防护，只不过根据需要做到最低限度即可。所有温室、地棚和冷床都要保持良好的通风，让凉爽的室温与植物平稳生长或正常冬眠所需的温度保持一致。

植物总是很顽强，无需过多操心。过度施肥、浇灌和保护只会给植物带来更多伤害。不妨给它们一个舒适的家，放任它们去做最擅长之事——生长。

整座花园里，地面以上所见的一切，
都取决于地面以下的种种

不要妄图破坏自然繁荣与萧条的循环。如同喂养维多利亚时代生病的孩童那般，迫使植物剧烈地非自然生长，并不会带来任何好处，只会造成更多伤害，结果亦不能持久。被迫超越极限而生长的植物，或被蚜虫和真菌侵袭，或难以吸收水分和营养，或无法支撑让自己继续生长。甚至还有其他数十种危害，或早或晚，都终将使它们灭亡。

养护好植物的根系，其他便会水到渠成。整座花园里，地面以上所见的一切，都取决于地面以下的种种。用你所有的努力和技巧帮助植物养成健康的根系，有了这样的根系，植物必然枝繁叶茂、花果累累。

前人总说，如果有什么3月、4月没来得及做的，也别太担心，还有9月、10月的“晚集”可以赶呢。一直以来，这些月份都非常适合进行园艺工作，而乏善可陈的全球气候变化居然让这几个月变得更为适宜。光照不再那么强烈，但土壤中的热量仍在。不计其数的植物开花、结果，并且平静地生长，这是其他任何季节都难以实现的。

用手指触摸土壤、栽种植物。把手弄脏，并为你的园丁之手自豪。也有人喜欢戴着手套在花园劳作，但少了切肤之感，园艺便失了真趣。

自己繁殖

几乎所有植物都可以无性繁殖——扦插、分株、压条或者嫁接。当然也可以播种，在室内或者户外，直播或者使用育苗穴。

尽量移植自播小苗，避免购买或种植新苗。因为这些自播小苗已经和土壤建立了复杂的联系，更能健康快速地生长。

适地适树

要让花园里的每一株植物都感到宾至如归。无论是中国的山谷、地中海的山坡还是威尔士的丛林，一旦你知晓植物的原生地，就能了解它如何进化以适应特定的环境。虽然大多数植物具有极强的适应能力，但接近它们自然栖息地的环境总归更好。

右图：有些植物总能在看似不可能的地方安家 »

有些植物对于种植场所的挑剔简直让人难以置信，看似微小的变化都会对它们有所影响。如果一棵植物不能旺盛生长，千万不要犹豫，给它挪个窝。或许只要移动几十厘米，就能为它找到一个更为合适的栖身之所。

植物也会无视你而自行寻找住所。它们自行播种，并向四面八方传播。你大可随它们而去，如果它们生长得开心，你应该也会感到快乐。

如何种植远比你种了什么更为重要，因为植物是花园里的佐料而非正餐。有些花园塞满了迷人的植物却依旧沉闷无趣，另一些花园虽然只有少量最常见的植物却精致壮观。

相信自己

西方园艺界往往对专才的美誉超过通才，但这种偏见其实无用又无理。植物培育者多为乖张，和所有怪才一样，他们无法想象竟有人对他们的爱好不感兴趣。这些植物培育者往往很迷人，也值得人们学习。但他们并非典型的园丁，所以不用太在意，别给自己带来困惑。

« 左图：院子里的空地上有一片自播繁衍的花丛，抵消了空间的拘谨感

修　剪

对于植物而言，不做任何修剪其实要好过频繁修剪。没有植物会因为缺少修剪而活不下去。

开始修剪前，首先要明确修剪的目的，并了解植物的生长习性。它是老枝开花，还是新枝开花？它是花后集中迸发新芽，还是整个生长季里持续稳定地萌发？它是只有生长多年的成熟枝才能长出挂果短枝，还是生长一年就能结果？它修剪过的部位能良好愈合，还是会像樱桃和李子那样“血流不止”？若它的伤口愈合困难，何时分泌的汁液最少？如果你对以上任何一项尚有疑问，不要盲目修剪，先等等。

任何植物都会有一个修剪的最佳时间，抓准时机它们就能满足你的愿望，开更多花、结更多果、萌发更多枝叶，抑或塑造成一个完美的造型。不过，一般来说最好直接动手。最差的结果不外乎错过了一季花，但即便如此你也学到了一些实用的知识。

修剪的时机

开花树木的修剪时间要根据植物的花期来安排。像小木通、绣球藤、紫藤、醋栗、连翘和郁香忍冬这些上半年开花的植物，多在头一年春季到秋季生长的木质枝条上开花。花期结束立即修剪最为安全，如果等到冬季或者来年春天修剪，就会萌发繁茂的枝叶却不会开花。这条修剪法则适用于所有开花植物，不管是乔木、灌木还是攀缘植物。

而下半年开花的植物则恰恰相反，它们的花芽由新枝萌发。你可以在早春尽量残忍地进行重剪，因为这样能激发植物产生大量新枝，继而孕育更多花蕾。

若你尚不能确定植物何时开花，当年就先不要修剪，仔细观察并做好记录，来年再做相应修剪。这般延期修剪，可以让你和你的植物都免受伤害。

绣球和薰衣草之类的灌木，最好留到春季萌发新枝以后再做修剪，生长在寒冷地区的尤其如此。它们会在冬天变得杂乱无章，留下的老枝却能在寒冷中提供些许保护。待春季长出新的枝条，再将枯枝彻底剪去，但萌芽枝条的修剪则不能超过1/4。

修剪对植物的影响

植物和修剪的关系值得我们了解。所有的落叶木本植物过冬时会把养料贮藏于根部，直到春天新叶萌发，这些储存的养分被运输到枝叶茎干以供生长，再没有多余的养分运回根系。修剪的作用就在于，减少植物重新生长时对根部储存营养的需求，并将更多养料分配到修剪后所保留的部分。于是植物更具活力，长出更大的叶片，新梢上的叶间距也越长。

若你有任何不确定，当年不要急于修剪，仔细观察并做好记录，来年再做相应修剪

主枝剪得越狠，萌发的侧枝就越多。这一作用在修剪树篱时尤为明显。不做修剪的树篱往往稀疏零散，一旦定期修剪，它就会长得繁茂浓密。

如果你每年冬天都重剪苹果树，就会促发许多新枝却无法开花，

自然也不会结果。而这一现象也会被来年的重剪不断延续，新萌发的枝条不仅不能结果，还富含汁液，易受蚜虫和真菌疾病的侵袭，于是只得再次被彻底剪除。这样人们就因为过度热心却不合时宜的修剪毁了整棵果树。

而对于生长过于旺盛的植物，冬季修剪会变得糟糕透顶。若想限制其生长，不妨留到夏季修剪。待到7月，枝叶已经充分生长，根系却还没开始为过冬储存养分，彼时修剪最为理想。

以往人们都会建议要涂封修剪后的大型伤口，但如今看来却弊大于利，因为这样会保持伤口潮湿，使其易于染病。到目前为止，最好的办法还是保持切口整洁，并任其自行愈合。

冬季修剪

尽管冬季修剪可以在11月到3月中旬的任意时间进行，但我依然有一个基本原则来判断修剪时机：修剪工作既不要在叶片凋零前开始，亦不能在新叶萌发后继续。

果树：除去所有交叉生长、相互摩擦的枝干。在芽点上方剪短徒长或散乱的枝条，以促发更多分枝。切勿在冬季修剪李、杏、桃以及樱桃，它们只能在必要时于春末修剪。

整型果树（单杆式、墙式、扇形）：千万不要依照惯例修剪。要谨记，修剪得越狠，再生的枝条越强壮。所以要剪去柔弱的枝条，使其在春季萌发出饱满的新芽。

软核水果：秋季结果的树莓，要贴地剪除所有去年生的藤条。红

右图：早春修剪编织成墙式果树的青柠 »

醋栗和鹅莓，要剪去交错生长和向内生长的茎干，以形成一个开放的高脚杯造型。持续生长的枝条则要剪掉1/3，使其长成强壮的枝干。

月季：月季修剪始终都应该是冬季修剪的重头戏。在我的花园里，这项工作通常在2月完成（另见本书第209页），不过根据你所处的环境，修剪月季也许要提前或推迟一点。不过我的原则是，一旦植株恢复生长，就绝不再修剪。

灌木：醉鱼草、山茱萸、杨柳、绣线菊、落叶的美洲茶属植物以及长筒倒挂金钟和短筒倒挂金钟，都可以像晚花的铁线莲一样修剪（另见本书第211页）。剪得越重，它们就会开出越多的花朵。

铁线莲修剪之后需要盖上一层厚厚的覆根物。事实上，所有观花藤本和灌木，修剪完毕最好都要好好地浇水并覆根。

夏季修剪

常绿树种、老枝开花的灌木、整形果树还有已经成形的树篱，夏季都应适当修剪。

墙式果树就是最好的例证。我在冬季修剪我的墙式梨树以促发新枝，因为此时修剪得越多，新长的枝条就越强壮，来年夏天自然长势良好。但是到了夏天，尤其是7~8月，我会把挂果短枝上竖直生长的新枝剪掉，并去除所有超出平行树干的枝条。每根挂果短枝上只保留一两个健壮的短枝，留作下一年的结果枝。这种修剪方法可用来修整扇形、跨步式和单杆式的果树，而由于过度生长造成枝条拥挤的大型苹果树或者梨树也同样适用。通过这样的修剪，减少了繁杂的枝条，树形变得更为整洁干练，每一颗果实都能在充足的光照和空气中逐渐成熟。

摘除残花也是一种夏季修剪的方式，其主要作用在于促发侧枝，继而产生更多花朵。

造型树木

造型树木的修剪全凭喜好和创意。选用叶片细小并且在重度修剪后能旺盛生长的常绿树种，往往收效最快。黄杨、女贞、亮叶忍冬以及其他叶片较小的忍冬属植物都能达到良好效果，但紫杉无疑是最佳选择。只要排水良好，它就能在任何土壤上茁壮生长。如果你的土壤黏性很重，一定要在种植前添加大量沙砾。

从幼苗时期开始整形使其逐步长成
某个形状，要比成形植株的雕刻
简单容易得多

造型树木往往严肃且拘谨，但是作为村舍花园的传统景致它又十分俏皮可爱。它有些许沙堡般的浮夸，却会在时间的潮流中洗尽铅华。

从幼苗时期开始整形使其逐步长成某个形状，要比成形植株的雕刻简单容易得多。因为它们需要定期修剪，让树木得以自我维持稳定的造型。谨记枝条修剪得越短，所促发的新枝就越有活力。相反，如果你希望某个嫩芽长成独立的枝干造型，就不要修剪，直到它长成你想要的长度。

借用藤条将嫩枝固定在适当的位置，等到它们长得足够强韧就能支撑整个造型，就可以把植物塑造成复杂的形状。你也可以用一个支架模型罩住幼小的植株，随时将超出模型的枝条沿着外框剪除，并在植株缠住模型之前移除支架。这个支架模型可以用细铁丝网或其他能

够自我支撑的铁丝或金属材料来构造。

树篱

1. 树篱也是一种修剪整形。

2. 夏季修剪留下的碎屑可以直接加入堆肥堆。冬季修剪留下的枝条可以打碎用来铺设临时通道。

3. 夏季修剪后，树篱的形状能保持得更久。而冬季修剪则会促使树篱长得更加旺盛浓密。

4. 为了避免打搅到筑巢的鸟类，千万不要在2月到7月底重剪树篱。但是在11月入冬前要一直保持最轻度的修剪，因为这些新修的树篱能让花园更加整洁。

« 左图：每年夏天对树篱进行修剪，能让整个花园变得干净利落。10月再度修剪，就能让它在整个冬季保持整洁

食　材

自己种植食材吧。我还没见过谁会觉得自己种植的食材味道不如买的好。自己精心种植的食材，在成熟季采摘、趁新鲜食用，即便外观不如商超食材那么光鲜靓丽，可味道却丝毫不会逊色。播种、育苗、间苗、浇水、除草，最后，正当食材成熟的时候采摘，和亲朋好友一起享用，其间让人感受到的欢愉，生活中鲜有乐事能与之匹敌。

第一批收获的新土豆、嫩蚕豆、刚从地里拔出来的胡萝卜，还有从采摘、清洗到食用不足一小时的生菜，这些都是配得上国王餐桌的食材。然而这样的食材，任何人都可以种出来，所需不过方寸之地，让种子得以生根发芽。

播种、育苗、间苗、浇水、除草，
最后，正当食材成熟的时候采摘，
和亲朋好友一起享用，其间让人
感受到的欢愉，生活中鲜有乐事能
与之匹敌

而更重要的是，你不仅仅是吃到了食材，而且还获得滋养。这滋养来自于你耕种的土地，来自于你付出的劳动，来自于你与食材之间紧密的关联，也来自于一种巨大的满足感。这种满足感，是因为知晓这些食物和职场无关，和盈利预算表无关，更和被利用压榨的劳动力、为了微薄薪水而卑躬屈膝无关。

右图：用自家种植的食材烹饪出的美味，世上鲜有食物能与之相媲美 »

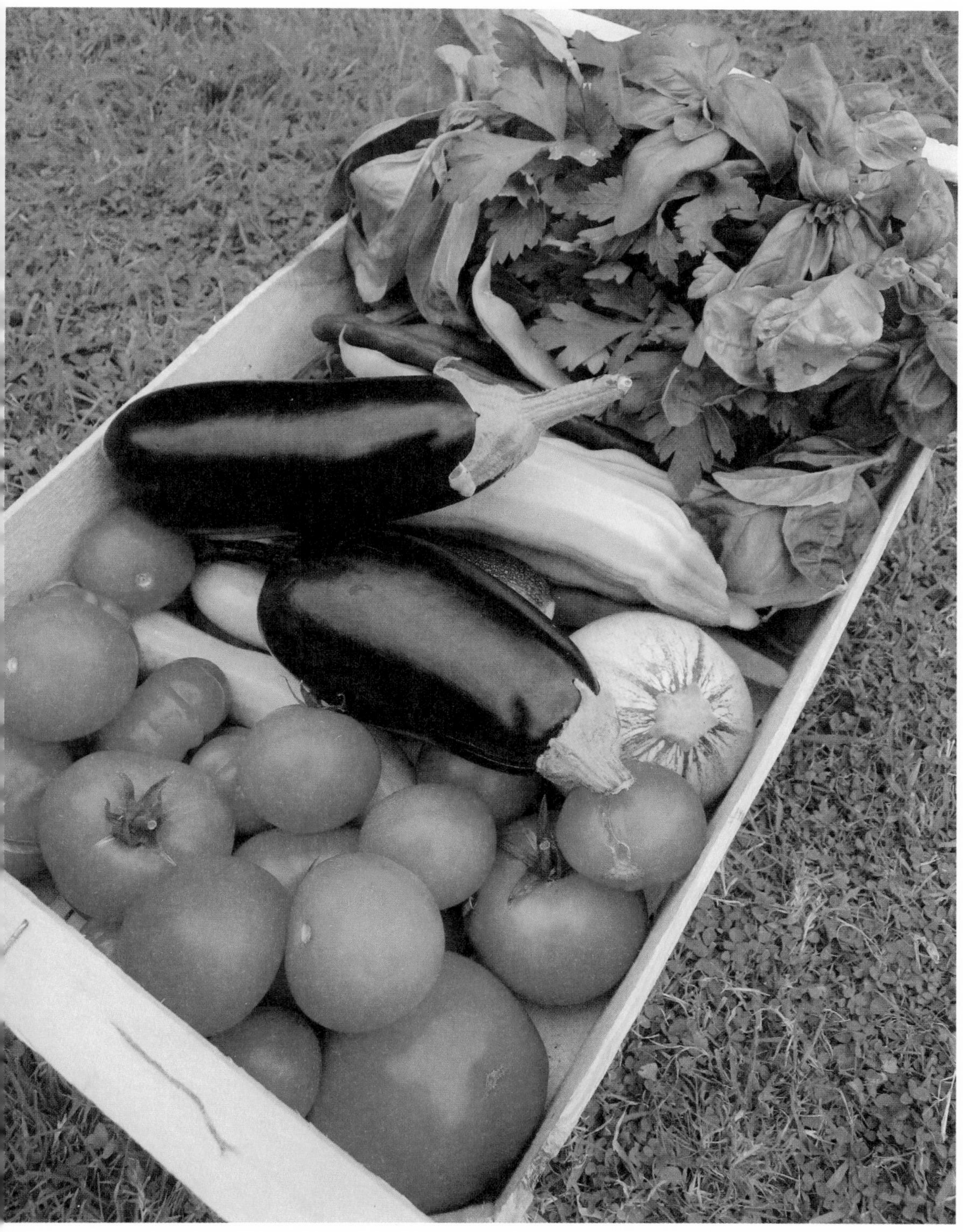

虽然食材完全自给自足不过是自取其辱、注定会失败的想法，但吃到自己种出的食材，却能提升种植者的自尊心，带人进入一片天地，其间的愉悦感虽微小，却影响非凡。

一只熟得恰到好处的梨、刚刚从地里拔出的新鲜大蒜、一个还带着阳光温度的番茄和刚从青脆豆荚中剥出的豌豆，这些都是天赐的美味。享用这种食物给人带来的满足感，比你我生活中触手可及的慰藉更胜一筹，不过这样的满足感往往代价昂贵。既然自己种食材能让我们获得如此享受，为什么还要活活受气，从贩子手中购买呢？且不提他们卖的东西毫无特色，态度还糟糕透顶。自己种食材，让我们从这些尖酸死板的方式中解脱出来吧。

享用你的花园

收获什么就吃什么，而不是照着食谱去采摘特定的食材。每天手挎篮子去你的食材花园里逛一番，就当去逛一个绝妙的地中海集市。看看哪些食材已经熟得恰到好处，而又有哪些食材激发了你的烹饪灵感，看看它们熟了没有，熟了就摘下来，回厨房用你收获的食材大显身手。

蔬菜品种繁多，蔬菜种子的种类也是多得吓人。再加上还要考虑轮种规律、土壤需求和季节变换，更是要让人昏头转向。因此，办法也就只有一个：喜欢吃什么，那就种什么。

你也可以为尝新而种一些食材。晚熟土豆相对来讲容易购买且价格低廉，通常品质也不错。但是收获几小时内就吃掉的新鲜新土豆，那味道才无与伦比。因此，自己家里种的土豆总是要比买来的要美味得多。还有芦笋、甜玉米、梨、草莓、胡萝卜、芝麻菜、大多数的沙拉蔬菜和新鲜豆类，也是自家种的更好吃。虽然可能大多数自己种的蔬菜都比买的好吃，但还是要好好利用花园作物的新鲜度和季节性的优势，千万别不动脑子滥种一气。

享用当季新鲜的食材，不要偏执地追求反季节的蔬果。

播种余量和连续播种

播种时，多播10%~25%的余量。这样即便受了灾，也能有些幼苗作为替补。不过，一旦大部分幼苗已经成活，就要将多余的幼苗拔掉，扔进堆肥堆里。既要准备充足，也要心冷手狠。

各种蔬菜都应该长到完全成熟时才采摘。吃蔬菜的幼苗简直是暴殄天物。这里说的完全成熟不仅和成熟度有关，也和大小尺寸有关。既不要太大也不要太小。如果你想要个头略小的蔬菜，可以将它们种得稍微密集一些，或者选种小型品种。食用蔬菜幼苗实在是奢侈浪费。

种植传统品种的蔬菜。种子的适应性是由其多样性来衡量的，而不是看它是否多产。我们应当尽力保有多样化的本土品种，就像在20世纪60年代之前那样，那时人们种植着各种各样的本土品种。因此，尽可能去发现传统品种的蔬菜，收集、保存并分享它们的种子。也许采集传统品种蔬菜种子并非易事，但至少要试试看。

连续播种是明智之举（见第171页）。种植丰产作物的确颇具诱惑力，有时候也很难避免这样做，像番茄、晚熟土豆、南瓜，还有大部分的水果，这些都是丰产作物，但还是尽量试试连续播种。即在整个种植季中，分多次种植，每次少量地进行播种。由于光照水平和温度的变化，连续播种不能以均等的间隔播种，需要考虑随着季节变换，生长和成熟的速度也会有所不同。因此，进行连续播种需要多费些心，也要加点小巧思。

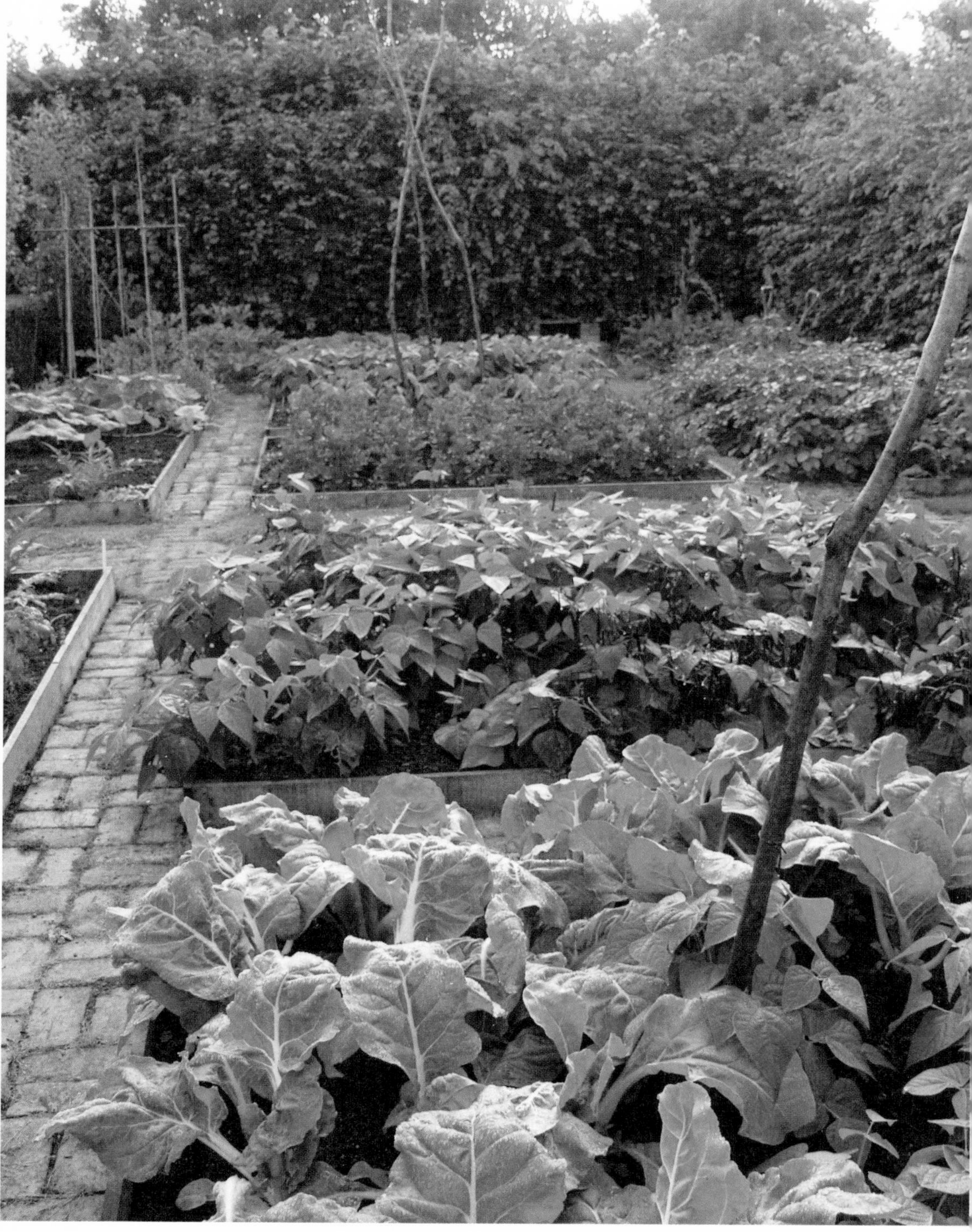

种植条件

宜迟不宜早。要有耐心。一直等到土壤条件合适，而你也做好了准备再开始种植。时间总是来得及的。很多年来，在5月之前我都没有播种过蔬菜，但这些年，我的菜园一直都收获颇丰。

种植蔬菜需要综合考虑温度和湿度条件，这两点对菜的生长有着举足轻重的影响。虽说我们对气候状况无能为力，也无法改变基本的土壤类型，但至少可以做一些新的尝试，别一味地为人力无法改变的事物而伤神。

像芸薹属、菊苣属、叶甜菜、小菘菜这类叶菜，还有蔓菁甘蓝这样的根茎类蔬菜，都可以应对严寒，低温时依然能持续生长。

而有些蔬菜诸如球茎茴香、芹菜、块根芹、西葫芦和节瓜，它们和大黄一样，需要水分充足的条件才能长得好，但多数蔬菜都不喜欢又冷又湿的生长环境。

要是遇到了这样的情况，可以往土壤里添加大量的堆肥，以此来改善排水和储水条件。如果你的菜地是重黏土，尝试尽量多加一些沙砾。不要踩在土壤上，以免压实土壤，使排水状况恶化。园艺薄毡值得一买，用来在播种前使土壤回温。还可以买一些钟形棚罩，像伞一样能为土壤遮雨和保持其干燥，同时还能积蓄阳光的热量。

如果天气十分炎热干燥，就需要频繁浇水，因此使用雨水收集系统是个好点子。我们这里用的是牲畜饮水槽，因为可以将喷壶浸入其中汲水，当然使用形态尺寸各异的大水桶也完全没问题。取水立管也是物有所值，花园成型之前可以先安装一个。

园艺是一种幸福感

人们常用“脚踏实地”“足履实地”这样的词语来表达求实、求

« 左图：抬高苗床适用于蔬菜种植，特别适用于重黏土环境

真的含义。每当我的双手粘满泥土的时候，也深以为然。园艺能让人保持真我，感到踏实。

我们种下的植物并不属于我们，无论种的是什么，我们只不过是暂时“收养”了它们。植物独立于人而存在，却又能让人们相互分享，只要他们可以一起欣赏、享用这些植物。我认为正是这种分享的过程，这种与土壤亲密无间的联系，才实现了真正的治愈。如果园艺可以给园丁充电，那么同样，园艺也能为社会充电。因为人们在从事园艺的过程中，无需思前顾后，就可以相互分享并从中受益。

用勤劳的双手种出美味的蔬菜，做成菜肴与他人分享。幸福的真谛正在于此。

自己种蔬菜

在我小的时候，人们自己种菜是件稀松平常的事，而且几乎都能自给自足。这是过去战时“为胜利耕作”精神的延续，也就是说要么自己种菜吃，要么就没得吃。岂料在我有生之年，一年四季供应着各种瓜果蔬菜的超市，竟成为一代人所熟知的食材来源。商店里的食材用保鲜膜包好，既未熟透，也分不出季节性差异，虽然便捷，也能果腹，但是远不如自家种的食材那样，能让你真正地、深深地觉得满足。

好在事情正开始发生变化。越来越多的人期待能拥有一块分配园地，也有更多拥有花园的人意识到种点蔬菜带来的益处和乐趣。人们在窗台上的花盆里种香草，在花箱里种蔬菜，即便是很小的花园也可以用网格架来种水果。自己种食材，不仅能享受园艺之乐，也能意识到自己种出来的食材有多美味！

一旦你开始种植蔬菜，就会发现这能带来无尽的乐趣。种菜是一项有益的消遣活动，也是件有趣的事。我见过神采奕奕的耄耋老人在分配园地里耕作，也见过三岁小儿帮着大人一排排地播种豆子。自己种蔬菜不仅有助于保持身体健康，多方面证据显示，自己种菜对防御和治疗精神疾病也非常有效。到户外去，让泥土弄脏你的手，让阳光晒着你的背，让自然界的节奏与你相连，这可能是最好的良药。

花园再小也无碍。窗台上的花箱和花盆就很适合种香草，很多菜肴里都用得上，而一平方米的土地就足以种出供给全年的沙拉叶菜。

更何况，菜地之美丝毫不输花境，一块长满茁壮蔬菜的菜地总能让人觉得赏心悦目。观赏性菜园就充分发挥了这一点：苗床四周围着修剪整齐的黄杨树篱，月季、香草和菜豆在摇曳生姿，香豌豆和葫芦爬满棚架和网格架。别把厨房花园藏在角落里，应该一年四季都欣赏它，让它成为花园中让人引以为傲的所在。要记住蔬菜在富含有机质、排水良好的土壤里长得最好，而且每天需要至少半天的直射阳光，直射时间越长越好。

秘诀在于保持平常心。自己种菜不是做测验，也不是搞竞赛，绝不要觉得自己像个苛政暴君。春天，在温暖的土地里撒下种子，幼苗长出后间苗，为它们浇水、除草，季节到了便可以收获。

如何开始

要想自己在家就能种好蔬菜，技巧之一就是着眼于菜地自身的特点，好好加以利用，并且不能违背气候条件。如果土壤摸上去还很冷，那几乎没有种子能发芽。这里有一条经验法则：要是野草还没长出来，那此时就还太冷，不适合播种蔬菜。

一旦耙地的时候土壤不会黏在耙齿上了，说明土壤已足够干燥，如果此时土壤摸起来也不凉了，就可以开始播种欧防风、蚕豆、芝麻菜和菠菜，也可以开始种洋葱和红葱，将它们埋到地里，但顶部要露出地面。

无论以何种方式进行播种，都要小心仔细，尽量别播得太密，等幼苗长到足够大就可以开始间苗。最后每排的成熟植株应该相距8~20厘米。

如果遇上倒春寒，幼苗可能会刚露头就停止生长，此时很容易惹上蜗牛或者蛞蝓。但春季即便户外依然阴冷，也可以在室内用带盖的种子托盘、育苗块或不含泥炭的介质进行播种。有温室当然最好，但冷床也不错，在门厅和窗台上播种也完全可行。当幼苗长到合适尺寸，定植前先拿到户外炼苗1~2周。等到土壤足够温暖，幼苗也大到足以抵御各种蜗牛和蛞蝓后，将它们以15~25厘米的间距定植。

连续播种

连续播种是绝大多数菜地丰产的关键，也能保证长期稳定地供给新鲜蔬菜。连续播种是指在生长季节里，分两到三次播种你最爱的蔬菜。这样一批收获完毕，下一批又正好可以开始收获，第三批也可以开始播种，说不定已经长起来了。

显然，连续播种需要做好规划。开始可以先种一小批快速生长的沙拉叶菜，在室内用育苗块播种，这样等户外的土地一暖和，就可以定植到室外。接下来直到9月都可以进行常规播种，可以用育苗块播种，也可以直接播到地里。

豌豆和其他豆类、叶甜菜、胡萝卜、甜菜根之类的作物生长较缓慢，但也能在几个月内分批播种，这样可以交叠着收获两到三波。

最后，生长缓慢的蔬菜，如大部分的芸薹属、菊苣属、大蒜或芹菜这类蔬菜，在当年的种植季可能会长期霸占用地，所以我总会在这些作物中间种上一些填闲作物，像萝卜或是芝麻菜，这些作物在还没开始和生长缓慢的作物抢夺地盘之前，就可以收获入肚了。

土壤和作物轮作

理想的土壤是富含腐殖质和有机质的土壤，腐殖质和有机质来自植物的根系和添加到土里的植物分解物，如堆肥或是有机肥。一旦土壤达到理想状态，要做的就是一年一次，至多一年两次，在土表盖上2.5~5厘米厚的覆根物或者堆肥。不过要达到这种完美状态，可能得花上好几年。

因此，去看看你园中的土壤是什么样的，如果是非常多沙的土

质，那需要添加大量的有机物来改良土壤结构，使其能保持更多的养分和水分。同样，如果是黏土，土质非常黏重，添加有机质可以疏松土壤，改善排水。如果没办法翻地，那就在地表盖上覆根物，它们也会渐渐分解到土壤里，尽管这样改良土质的速度会慢一点。

想要胡萝卜和欧防风之类的根茎作物长得好，就得把它们种在排水良好、近年来也没有在里面新添加有机物的土壤里。因为有机物会导致根茎作物分叉开裂，同时也会促进叶片生长而对根茎产生消耗。

因此，比较常见的做法是，给一块菜地的1/3施重肥，用来种土豆、豆科蔬菜和沙拉作物。另外1/3的菜地用优质的堆肥覆根，用来种芸薹属蔬菜，如卷心菜、花椰菜和西蓝花，也可以用来种葱属蔬菜，如洋葱、韭葱和大蒜。最后的1/3菜地不施肥，用来种根茎作物。

像胡萝卜和欧防风这样的根茎作物，
在排水良好的土壤里才能长得好

管理这样的菜地最便捷的方法便是轮作。在轮作的第一年里，1/3的土地下重肥，1/3的土地下轻肥，还有1/3的土地不去管它。第二年，之前没管的1/3土地下重肥，让它变得肥沃；最后一年，第一年下重肥的土地需要再施肥了，第一年没管的土地成了第二年下轻肥的土地，主要用来种芸薹属和葱属蔬菜，而不是胡萝卜等根茎作物。操作方式即是如此。

但实际执行的时候会有更多需要综合考虑的地方，而且作物也难免相互挤压。无需死板遵循这条规则，即便略有偏差，甚至违背也未尝不可，但它们是个不错的指导方法。

« 左图：红色和绿色的橡叶生菜既美丽又美味！

抬高苗床

如果空间有限，不足以轮作，抬高苗床是理想的选择。这也是对付贫瘠土壤的最佳途径。多年来，我的抬高苗床只不过是将土堆起来，虽然效果不错，但是泥土容易溢流到小径上，因此，给抬高苗床围一个坚实的边会更好。我发现板条便宜又好用。不要想着将抬高苗床做得太宽：1.5米是最大可行宽度了。最好也不要超过4.6米长，这样绕着走又快又方便。

先用绳子标记出苗床的位置，然后深翻土地，加入足量腐殖质和有机质，这样可以抬升土表。也可以耙一耙小径，将小径的表土叉起来堆到苗床上，必要的话，添购一些表层土。表层土越厚，意味着植物的根系可以扎得更深，排水也更好，到春天的时候，土壤升温也明显更快。

小径上可以使用树皮屑、铺装或者草皮。用耙整理苗床，再用一层堆肥给苗床施顶肥，这样就可以开始种植或播种了。

人站在小径上应该就能够到苗床各处，而不用踩进去，这样苗床的每一寸土地都可以种上作物。这样也意味着苗床做好后就无需再加耕耘了。虽然暴雨会使土壤变得紧实，但是额外添加的有机质能够促使蚯蚓活动，这样就足以保持土壤疏松。我总会裁切一条长度合适的长板条，用来架在抬高苗床的边框上，这样播种的时候就可以在上面或站或跪，而不用踩在苗床上。但大多数情况下，你应该站在小径上就可以够到苗床里的任何东西。

必种蔬菜

种你爱吃的蔬菜。让厨房决定花园里要种什么，而非让花园决定你要吃什么。然而，我发现这6种蔬菜是一定要种的：

番茄：一个带着阳光温度的熟透番茄是真正的美味。番茄是非常喜阳的植物，通常在温室、封闭阳台和暖房里会长得更好。

生菜／芝麻菜：我喜欢吃新鲜的沙拉叶菜，而且它们很容易连续种植，一年到头每天都能采摘到新鲜的叶菜。如果一定要选两个品种的话，我会推荐在较冷的月份里种辛辣多汁的芝麻菜，而夏天的时候种口感爽脆的长叶生菜。

叶甜菜：叶甜菜入馔方式多样，皮实又美味。瑞士叶甜菜无论隆冬还是炎夏都能长得不错。叶子可以像菠菜一样烹食，而茎部煎着吃或用酱汁烩都很美味。这种蔬菜剪过后还能再长出来。

大蒜：大蒜是一种介于蔬菜和香草之间的作物，不过近来我种了许多大象蒜。严格来讲，它是一种韭葱。我现在已经离不开大象蒜了。因为它不仅美味又能存储长达数月之久，而且非常有益于健康。

羽衣甘蓝：如果我只能选一种芸薹属蔬菜，那无疑是羽衣甘蓝。羽衣甘蓝‘黑托斯卡纳’——俗称黑洋白菜——是我菜地里的常客。这种蔬菜一年中10个月都可以采摘收获，口感清新，在霜降后味道会更好。

新土豆：虽说晚熟土豆容易得枯萎病，而且也很容易买到，但是新土豆的甜度很容易流失。因此自己种的土豆，从地里收获就立马吃掉，会比店里买来的更甜美可口。

蛞蝓和蜗牛

蛞蝓和蜗牛在废弃植物材料的循环中扮演着重要角色，也是堆肥堆的重要组成部分。麻烦就在于它们不会区分落叶和美味的嫩苗。它们喜欢鲜嫩柔软的叶片组织。诀窍是尽可能地缩短它们能吃到植物嫩叶的时间。

不要过早播种或种植，否则会导致植物长期处于嫩苗的状态。受糟糕天气和无常降水所影响的植物，或是施肥过度的植物，尤为容易遭到蛞蝓和蜗牛的攻击。好好炼苗（参见第222页），也不要过度施肥。这样能避免植物长出大量柔软多汁的叶片，那正是蛞蝓的所爱。强韧且经得起艰苦环境考验的的植物才是种植的目标，没人想要那种病怏怏、孱弱不堪的植物。记住，健康的植物是那些无论生长环境如何恶劣都可以应对自如的植物。

欢迎各种各样的捕食者来到花园中吧，它们可以帮助除去害虫，如歌鸫、青蛙、蟾蜍、甲虫、蜈蚣、蛞蝓和刺猬都很爱吃蛞蝓和蜗牛。欢迎这些捕食者就意味着要为它们提供遮蔽物，也要避免使用有毒化学制剂，如除蛞蝓药丸，同时也要接受一定程度上的其他损失。

蔬菜种植要点速览

1. 选择阳光充足、没有冷风直吹的种植地点。

2. 用心准备种植土，要满怀爱意地照料它；抬高苗床是提高土壤效能、充分利用空间的有效方式。

3. 制作堆肥，优质的堆肥会是你最好的盟友。

4. 连续播种，种植需以长期、稳定的作物供给为目标，别弄得一阵供给过剩一阵又闹饥荒。

5. 经常小规模的除草可以控制杂草滋生。用覆根物盖住裸土以抑制杂草生长。

6. 要学着心冷手狠，早早地进行间苗，这样才能收获茁壮健康的植株，而不是一堆孱弱的小苗。

7. 植物自身健康就是对抗害虫和疾病的最好方法，健康的植物是能够适应环境的植物。粗放种植，不要娇生惯养也不要过度施肥，但也没必要刻意将植物幼苗置于不必要的严苛环境中。

8. 种你爱吃的蔬菜。

自己种香草

从很多方面来讲，香草是花园中最容易种、最棒的植物。一部分原因是许多香草既能在贫瘠的土壤中生长，也适合盆栽，同时也是因为鲜有植物能像香草一样，可以为其他各种食材提味。说真的，家家户户都该种点新鲜香草。

香草非常容易种植。人们最爱的那些香草，像迷迭香、百里香和鼠尾草，源自地中海炽热的山区，在贫瘠的土壤里长势最好。其他一些品种，如欧芹、香菜、罗勒和莳萝，是一年生植物，长得很快，也非常好种。

地中海香草

地中海香草包括食用香草，如迷迭香、百里香、鼠尾草、龙蒿、香菜、月桂和牛至；以及观赏和药用香草，如薰衣草、绵杉菊、艾草和神香草，它们的生长条件都差不多。

一定要为这类香草提供严苛的种植环境。改善土壤的排水条件，切记不要往土里添加有机物或是施肥。如果是种在花盆里，盆土用一份普通的非泥炭土混合一份纯沙或沙砾。

不要给这类香草施肥，因为生长环境越艰难，它们对抗气候、害虫或疾病的能力就会越强。话说回来，夏天可别忘了浇水，冬天的时候倒是可以让它们干透一点。只要不是过于潮湿，这类香草都挺耐寒的。但是又冷又湿的环境往往会要了它们的命。

一年生香草

和其他一年生植物一样，一年生香草在一个生长季里完成它们的生长、开花，以及最关键的一步——结籽。这类植物大多很快就死了，虽然有一些可以多活几年。不过可以通过播种管理来控制香草产出的速度。只在春天里播种就只能收获一批。可如果每隔几个月都播种一些，就能多收获几次，每天都有新鲜的香草可供采摘。

每隔几个月播种一些种子，就能多收获几次，每天都有新鲜的香草可供采摘

一年生香草中我最喜欢的是罗勒、欧芹和香菜。罗勒有些娇嫩，需要做霜冻防护。然而它也是非常强健、长势强劲的植物，需要充足的生长空间，整个夏天都能够采摘其新鲜的叶片。

从5月开始，我会在温室里番茄旁种些薄荷，到了7月，只要夜里足够温暖，温度稳定了，我就把幼苗移栽到户外，以至少15厘米的间距定植。

欧芹和香菜也很强健，可以种在略微遮阴的地方。我全年都会在室内外种这两种植物，每隔几个月就会播种一轮。

从播种开始种植夏季香草

自己播种不仅操作简单、成本低廉，还可以为日常生活提供大量美味的香草。

虽然香草的种植要求并非完全一致，但使用非泥炭介质、撒一把种子到育苗盘或者花盆里总不会错。更老练的做法是使用育苗块，这样便于日后移植，成功率也更高。若在一年的头几个月里播种，就需

要在温室、冷床或者窗台里进行。

一旦种子出苗后，及时间苗就很重要，这样每株幼苗才能有足够的空间长成一棵健壮的植物。从外面买回来的香草苗，如罗勒或欧芹，通常一个盆里会挤着很多幼苗，虽然看起来郁郁葱葱，但只有强健的植株才能活得更长久。因此，一个育苗块或者一个花盆里只种一株，这样才能给每株幼苗留出足够的生长空间。要么将这些香草移植到户外，要么分盆种植，记得浇水，但也不要让土壤积水。

多年生香草

有些香草是多年生草本植物，秋天的时候枝叶枯萎以度过严冬，到来年春夏再长出新枝叶并开花。这类香草中我的最爱是薄荷、北葱、欧当归、马郁兰、茴香、龙蒿和辣根。

薄荷：薄荷的种类繁多，但是厨用的3种薄荷是留兰香、胡椒薄荷和苹果薄荷。尽管薄荷在绝大多数土壤和环境中都能存活，但它们更喜欢长在潮湿且阳光充足的地方。然而一旦有机会，它们就会大肆蔓延，所以建议盆栽。

北葱：北葱是葱属植物，和大蒜一样，很容易播种种植。这种寿命很长的多年生植物，可以用铲子将一丛劈成几块来进行分株，每一块都能重新长成枝叶鲜活的一丛。北葱的花很好看，也可以食用，不过一旦花朵开始凋谢，就要齐根剪掉，很快它们就能重新长出新叶。在整个生长季，每隔4周都可以这样操作一次。

欧当归：欧当归的肉质根深埋于地下，偏好土壤湿度很大的生长

« 左图：百里香需种在排水良好的土壤里方能茁壮成长

环境。它的叶片略带些欧芹风味，非常可口，放在汤里或炖菜里都很棒。欧当归会长得很大，长出一个巨大的花头，每年夏天，至少要把花头剪掉一次，同时还要剪掉一些老的叶片，这样才能刺激长出新叶。

马郁兰：牛至属植物在英国叫作马郁兰，在地中海地区叫作牛至。这是一种非常耐寒的植物，虽然喜欢全光照且排水良好的环境，但在半阴环境中也可以生长，只是不适合酸性土壤。其淡紫色的花朵很招蜜蜂喜欢。

甘牛至虽然没有那么耐寒，但气味更加芬芳。我种了绿色叶子的法国牛至和黄金牛至。法国牛至非常强健，适应性也很强，但是和百里香一样，秘诀在于要种在没有遮阴的地方，并且不时重剪以刺激新叶再生。

茴香：茴香能够自播，惹人喜爱的紫茴香通过自播遍布了我的花园。茴香幼苗的主根很深，因此，只有在很小的时候移栽才能成活。茴香的叶与籽和任何鱼类或者猪肉一起烹饪都很美味。

酸模：酸模是另一款喜阴湿的香草，有着明显的柠檬涩味，在早春时尤为可口，也适合搭配各种鸡蛋菜肴。普通的酸模长得像菠菜，烧熟后吃最美味，但是法国酸模株型较小，叶子也没有那么苦涩，做沙拉吃更适合。

龙蒿：龙蒿的叶子纤细、尖长，表面带霜，因为有两种龙蒿，看起来极为相似，所以很容易混淆。可对于园丁和厨师来说，两者的功效却截然不同。法国龙蒿味道极佳，非常适合与鸡肉或者鱼类一起烹饪。这种木质小灌木喜欢排水良好和阳光充足的环境，不太耐寒，害怕寒冷潮湿的气候。我在秋天的时候会把龙蒿挖起来重剪，移栽到花盆里，放到有保护的温室里过冬，等到春天最后一次霜冻之后再移栽到室外。

俄国龙蒿则更加耐寒，适应性也更好，基本上在户外过冬没问题，但味道却比它的法国亲戚逊色太多，要是为了食用，并不值得一种。

辣根：辣根在夏天会长出巨大茂盛的叶片，但作为多年生草本植物，叶子会在12月中旬完全落光。然而，长长的主根依然会长在土里，这些根茎磨碎后就制成了大家熟悉的辣味调料。

如果在夏末时将这些根茎挖起，其口感相对还比较柔和，但是到了圣诞节，辣根的叶子已经干枯落尽，这些根茎会变得像辣椒一样辣。将辣根洗净、剥皮、研磨后放到碗里，和奶油、盐、胡椒混合，也可再加少许柠檬汁或者白酒醋。这种酱汁可以加热（口感会更柔和）佐鱼，或者佐牛肉冷食。

如果不限制辣根的生长范围，它会长成杂草，但在轻质土里，辣根很容易挖出来。通过切割根茎就能轻易得到新植株，挖一些状态良好、挺拔的根茎出来，将其切成5~7厘米长的小段，栽到花盆里，直到新叶长出就可以移栽到户外。

自己种木本果树

“木本水果”是指那些结在树上的水果，尽管这里所说的“树”，通常都很容易修枝，并且可以整形、整枝以适合狭小空间，如整形为跨步式、墙式、单杆式或扇形，或者嫁接在矮砧木上。

我理解很多人一想到自己种果树就会发怵，因为他们觉得修枝、授粉是很专业的工作，又被砧木、不同水果族类、各种病虫害搞晕了头。实际上种植水果不仅很有趣，也不是件难事。

种植果树的一个要领就是树干周围至少90厘米——两倍的距离，即1.8米会更好——范围内不要有杂草。每年都要盖上厚厚的覆根物，这样做最有利于果树保持健康。

苹果

苹果树需要有传粉媒介才能结果，并且这个媒介得在90米范围之内，因此要么种两株苹果树，要么看看邻居的花园里有没有种苹果树。苹果树从4月中旬开花，一直开到5月中旬，每棵树的花期大约持续10天。这就意味着如果花期不重叠，就会无法为对方授粉。因此，要保证它们在同一时期开花。

将苹果树种在避开冷风的地方至关重要，因为苹果成熟需要充足的阳光，同时也需要良好的排水。

在7月和8月进行夏季修枝，这样可以限制生长，同时也可以修整造型。冬季修枝在11月至3月之间进行，每个修剪点的周围和下方都会有新枝萌发。

苹果树需要嫁接在砧木上，而砧木的大小决定了整棵树的大小。M9型号的矮化砧木非常适合盆栽和小型苹果树，MM106型号适合中等尺寸、单杆式、墙式造型的果树，以及较贫瘠的土壤，而MM111型号则是大型树木的理想选择。

品种：大约有600多种美味可口的苹果，所以我强烈建议大家多尝试不同口味的苹果。生吃的话，我最喜欢的品种是‘朱庇特’‘里布森·皮平’和‘罗斯玛丽·鲁塞特’；用于烹饪，我喜欢的品种是‘布莱尼姆·奥兰治’‘亚瑟·特纳’和‘新奇迹’。

梨

和苹果相比，梨对寒冷潮湿生长环境的耐受性略好一些，不过需要更多的阳光才能成熟。梨树很适合种在向阳的墙面或者篱笆旁，也很适应墙式造型，所以最好修整成树墙。在给各种果树进行整枝时，记住果实通常都会大量结在横向生长的枝条上，而树木本身会倾向于垂直生长。将枝条做横向牵引，减少垂直生长，可以让果树结果更多，也不会损失果树的生长活力。

品种：‘喜剧女主角’‘威廉姆斯的好基督徒’‘贝斯’。

李

李在盛夏到秋季成熟，种类包括西洋李和青李等。李适合种在潮湿黏重的土壤里，而且比一般水果更能适应这样的的生长环境。西洋李尤为耐寒，青李需要种在有遮阴的阳光地带。但是，各种李都需要全日照才能成熟，只有‘凯撒’和‘维多利亚’这两个品种在遮阴环

境中也能长得好。

李树开花很早，因此，很容易遭受霜冻灾害，并因此而减产。李树无需修枝，如果真的要修枝，应当在6月天气干燥的时候进行。

品种：‘维多利亚’‘乌兰黄金嘎嘎’‘凯撒’。

榅桲

榅桲看起来怪怪的，像苹果和梨的杂交品种，生榅桲硬得像石头一样，完全没法吃，但是煮熟或者做成果酱却非常香甜可口。榅桲是一种小型树木，乱糟糟的树枝很难看，也不容易整枝，但花朵却最为美丽芬芳。榅桲不需要修枝，自花授粉，因此哪怕只有一棵树，几年内也能结果。它们喜欢湿润的土壤，最好种在温暖的角落里。

品种：‘弗拉贾’‘莱斯科瓦克’‘冠军’。

桃和油桃

桃和油桃的生长环境相似，都非常耐寒，但因为开花早，所以容易受倒春寒霜冻的侵袭。它们喜欢肥沃的土壤，也需要充足的水分，但不喜欢积水的环境。每年要用优质的堆肥进行覆土。桃和油桃种在大型花盆里都能长得不错。这两种果树都容易受真菌感染而引起叶卷缩病，不过它们也都非常容易恢复，当季就能长出新叶、恢复健康。

想让桃和油桃成熟，得给它们提供阳光充足的墙面或篱笆，以及方便拿取的防霜保护物，园艺薄毡就挺不错，天气好的时候可以拿掉。它们都在新枝上结果，因此，每年可以重剪修枝，剪掉至少1/3

« 左图：榅桲‘弗拉贾’一棵树上的收成

的枝条。它们也适合修整成扇形。重点是记得疏果，不要让果实相互挤压或遮挡。

品种：‘约克公爵’‘佩里格林’‘纳皮尔勋爵’（油桃）。

杏

杏树和桃树类似，但花期会更早，因此，防寒保护必不可少。尽管熟透的杏生食就很可口，但在英国，杏最常用来做果酱。杏子酱简直妙不可言！杏树非常强韧，也没什么虫害，只要种在肥沃和排水良好的土壤里，每年春天厚厚地覆上土就行了。修枝的时候剪掉所有枯枝和受损的枝条，在夏季修枝可以刺激生长。

品种：‘穆尔帕克’（最佳品种）、‘亨斯克尔克’（适合寒冷地区）。

无花果

无花果需要尽可能多的阳光才能完全成熟，因此，最好是在向阳的墙前进行整枝。它们需要种在水分充足但又排水良好的土壤里，种下后要把它们的根用墙或一些地下屏障限制起来。这样可以刺激结果，同时限制树本身的生长。

种植各种果树的一个要领就是树干周
围至少90厘米的范围内不要有杂草，
并且每年都要盖上厚厚的覆根物

无花果在上一年的老枝上结果，所以最好在春天进行修整以刺激来年结果。在温暖的地方，无花果一年可以结果两次甚至三次，能收获两次。但是在英国，一年只能收获一次。因此到了10月底，一旦最后成熟的果实已经采摘，所有剩下的比豌豆大的无花果都该摘下来送去做堆肥。

无花果很适合盆栽，但是每隔一两年应该换一次盆，在生长季还要每周施海藻肥。

无花果是自花授粉的植物，所以只种一株也可以结果。‘棕色土耳其’很容易在园艺中心买到，而且除了英国最暖和的地区以及防寒保护极佳的花园，显然它是最有可能在户外自然成熟的品种了。

品种：‘棕色土耳其’‘伊斯基王’‘不伦瑞克’。

酸樱桃

酸樱桃顾名思义吃起来酸酸的，因此，多用于烹饪和腌制，而不是生吃。都铎王朝时代，野生酸樱桃就已遍布英国，到了1640年，记录在案、有名可查的栽培品种更是多达20余个。尽管如此，当时食用酸樱桃的人并不多。一直到18世纪中期，廉价的糖从新发现的西印度殖民地输入到这个国家，为这种酸味的水果增加了甜味，才让其适于享用。

和大部分的甜樱桃不同，酸樱桃是自花授粉，所以很容易结果。它们生长于遮阴环境，因此，适合在东向或者北向的墙面做成扇形整枝。酸樱桃也是在上一年的老枝上结果，因此，应该在初夏进行修枝，此时当年的果实还没有成熟，将多余的侧枝剪掉，只留下来年可以结果的枝条。

果树整形方法

墙式树篱的整形方法是只保留横向的平行枝条，其他侧枝全都剪掉。因为果实大都长在横向枝条上，所以每年夏天要进行修剪，除了必要的新枝之外，所有的枝条都要剪掉。墙式树篱可以靠着墙面或者篱笆进行整形，也可以在开阔的地方进行整形，便于从两边进行采摘。墙式树篱是种植水果非常有效的整形方法，外形也很美观，但是除非已经扎根很深，墙式树篱需要强有力的支撑物。单杆式整枝是指每一株树都只保留一个主干，果实沿着这条枝干结果。果树为了保持水平和垂直方向的生长平衡，通常以45°斜向上生长。在有限的空间里，这是种植各种果树的极佳整形方法。单杆式整枝需要永久性支撑。

扇形整枝有一个中心枝条，以它为基准，展开倾斜的枝条，在上面结果。这种整形方法需要用固定线将修整的枝条固定在坚固的篱笆或者墙面上。该方法通常用于无花果、桃、油桃和樱桃树的整形。

自己种软核水果

我爱吃应季水果，喜欢按时令多种植一些。6月做醋栗糖酱，7月用新摘下的黑茶藨子和红醋栗制作夏令布丁（或者可以用树莓做，但一定不要用草莓，那是大错特错）。从7月炎热土地上出产的温热草莓应该趁新鲜直接送入口中。9月来一只熟透的梨，10月从树上摘下苹果，成熟的风味和爽脆的口感妙不可言。

软核水果当属最为简单易种的作物，但我猜想很多人都认为自己的空间不够。不过事实并非如此。农场主都会种上醋栗与鹅莓，因为它们坚韧又美味，几乎不需要任何照料及维护，食用和贮存果实的方式非常多样，并且常年都能硕果累累。这些优良品质至今不变，而你只需要种上一两丛灌木就能收获数量惊人的果实。软核水果也能大大装点你的花园——想想那宝石珠子一般的红醋栗果实，或是那华美艳丽的大黄茎干。

最大的麻烦可能就是乌鸫和歌鸫，它们会在果实成熟时前来打劫。可以铺设临时的防鸟网来避免灾难，如果你特别在意，也可以装上固定的防护网架，为你的果树提供安全的小天堂。

大黄

大黄适宜深厚肥沃但不泥泞的土壤。它经受得住霜冻，但要在植株周围覆土护根，防止干枯。同时避免覆盖物接触茎干或捂住生长点，以防过度潮湿而腐烂。大黄不仅能在寒冷天气中存活，而且只要创造些许条件，它就能持续生长。

早春，大黄可以采用隔离光照的方式促生新的茎干，用倒扣的大桶或是以瓦片封口的旧烟囱即可营造黑暗环境。不过春天才是它的自然时令。这种催熟的大黄叶柄虽然更甜，但一篮成熟粗壮、色泽艳红的大黄茎干也很好看，足可插瓶一观。

醋栗

红醋栗大概是最好种的水果了。几乎在任何土壤、任何地方都能种植；既能适应近乎全遮阴的环境，也能适应全光照的开放场地。植株可以修剪牵引成单杆式或扇形，也可以自然长成一丛灌木，对于小型花园，它更是北面围墙篱笆非常理想的覆盖植物。

红醋栗的果实犹如一串串红宝石珠子，生长于两年或三年的老枝上。因此，在考虑好树形之后，每年要进行修剪，塑造并保持长久的框架。

红醋栗几乎在任何土壤、任何地方都能种植；既能适应近乎全遮阴的环境，也能适应全光照的开放场地

锯蝇是红醋栗的主要害虫。它们在植物根部产卵，孵化的幼虫逐渐向枝梢移动，吃掉经过的所有叶片。应对方法是让灌木长成开放的高脚杯状——在底部培养出一支主干或“支撑腿”，将整个灌木丛抬离地面30厘米。

在冬末剪掉所有向内生长的枝条，并将当年的新枝剪去1/3，留下碗形的枝条框架。这样露出灌木的枝干中心，既可以防止锯蝇产卵，也方便及时发现和捕杀幼虫。

白醋栗基本上是红醋栗的白化版本，它们的生长方式完全相同。

黑茶藨子：它与红醋栗和白醋栗大不相同。首先，它的生长好坏

« 左图：品尝自家种出的新鲜草莓是无可比拟的享受

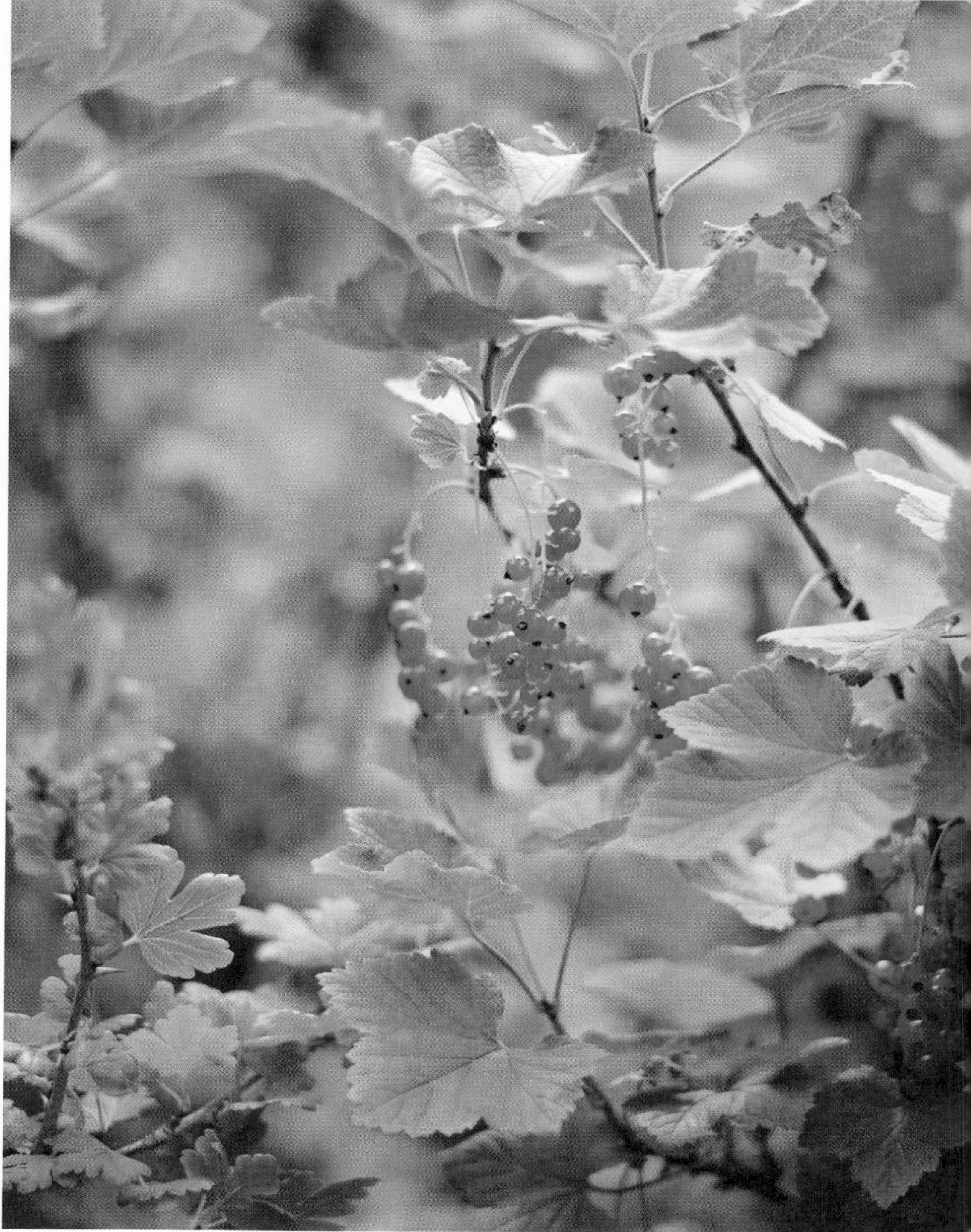

和土壤的肥沃程度直接相关，因此，需要在种植前加入大量粪肥或堆肥，每年还要盖上厚厚的覆根物。而枝条的萌发和果实的成熟，更离不开阳光的照射。

简而言之，红白醋栗、鹅莓（见下文）都能适应周围植物，服从花园设计，但黑茶藨子必须专门为它挑选一个合适的的位置，才能枝繁果茂。

除了二年生果枝，黑茶藨子也能在新枝上挂果。新枝在第一年开始结出一些果实，到第二年收获会变得很多，之后产量锐减。所以每年果实收获完毕之后，把每棵树1/3的枝条齐根剪掉。

鸟儿喜欢所有品种的醋栗，尤其是红醋栗。因此，从浆果开始成熟到最后一次采摘——大约6月中旬到8月中旬，期间都要拉起防鸟网，不然所有果实会在一夜之间全部失踪。

浆果

鹅莓： 种好鹅莓的秘诀在于粗放管理。别施肥也别溺爱它们，但要注意修剪，保证每根枝桠都能空气流通、光照良好，这样也使得采收果实不再那么棘手。

鹅莓比红醋栗更易招惹锯蝇，因此，也要修剪成开放的高脚杯状，并且种在开敞、无遮蔽的位置。这样还能帮助抵抗美洲白粉病，如果患上此病，果实和叶片都会覆满灰色的霉菌。

草莓： 大多数商业种植的草莓是生长在巨型塑料大棚中，还要喷洒杀菌剂、杀虫剂和除草剂等，这样生长出来的果子被包装得光鲜亮丽整齐地放在超市货架上。原本美味的食物俨然成了索然无味的流水线产品（工厂水果）。

不如自己种点草莓吧，这样就能享受一碗新鲜浆果带来的终极美味，果子甚至还带着阳光的温度（冷藏则会夺走全部风味）。

« 左图：红醋栗

草莓在特别肥沃又能保持水分的土壤里长势最好。充足的光照能带来更好的果实风味，而种在遮阴的地方则会延迟结果。

最好在9月种植，这样可以在来年夏天生长出健康的根系。种植间距要留得充裕一些，因为草莓是种贪婪扩张的蔓生植物，30~45厘米的间距较为合适。

从7月炎热土地上刚刚采下的草莓最美味

当草莓开始结果，就需要大量浇水，一旦果实开始成熟则要立刻控水。浇水时最好直接浇灌根部，因为草莓容易感染真菌和病毒。用稻草覆盖土壤，可以将果实和潮湿的土壤隔开。

乌鸫也喜爱草莓，因此，从果实开始成熟直到7月末都要拉网防鸟。

草莓需要轮作，否则便会积累病菌，因此，要将它种在至少4年没有种植过草莓的新鲜土壤里。收获了3年的植株则应当挖去做堆肥。这意味着你得同时种上4块不同年份的草莓地。千万不要在去年种过草莓的土地上再次种植草莓。

灰霉病是草莓的常见病害。宽裕的植株间距、良好的光照和通风是最好的应对之策。如果天气湿热，特别是在6月的时候，可以选择钟形棚罩（保持叶片和果实干燥）。

高山草莓：高山草莓的果实小巧、色深且风味浓郁，从仲夏到深秋结果不断。它们极易种植，喜欢土壤肥沃、湿润阴凉的环境。鸟儿似乎对高山草莓兴趣不高，所以防鸟网并非必需品。最适宜春季播种栽培，种植间距30~38厘米。

树莓：树莓分为夏果型和秋果型两种。夏果型树莓在6月底到8月底之间收获，而秋果型树莓的果期会与夏果型的重叠一周左右，通常从8月下旬开始，根据天气情况，可以一直采摘到10月。

树莓喜爱充足的水分，可以适应非常荫蔽的环境，在凉爽的夏季生长最好。它们能在任何类型的土壤里生长，不过微酸性、疏松且排水良好的土壤最为适合。在种植前最好深挖土壤，埋下大量有机质以改善土壤排水、促进根系发展。菌渣（食用菌栽培废料）堆肥碱性太高，不宜栽种树莓。

如果在重黏土上种植，最好让根系与地面平齐，将土壤往上覆盖，这样可以避免根系泡在水坑里越冬。必须保持茎干与地面垂直，并在种下之后将其剪短到23厘米左右。

夏果型树莓在去年长出的枝条上挂果，而秋果型则在今年的新枝上结果。因此，秋果型树莓一旦果尽叶落之后，地面之上的枝条就可以全部剪除，以便来年春季长出能结果的新枝。

但若夏果型树莓也这样修剪，来年夏天就不会有任何收获了。因此到了8月底，等夏果型树莓不再开花结果，就可以把今年结果的棕色老枝齐根砍去，只留下绿色的新枝。然后把它们捆绑固定，迎接明年夏天的收成。

这意味着需要给夏果型树莓搭建一个固定设施以供支撑。最常用的方法是在固定的柱子间牵拉细铁丝，当然，格架或栅栏也一样能胜任。而秋果型树莓则和蚕豆类似，只需要枝条和绳子制成的临时支撑即可。

泰莓：泰莓是树莓和黑莓的杂交品种，果实大而深紫色，7~8月结果。泰莓喜欢富含有机质的湿润土壤以及凉爽的环境，但过于严寒的天气则会使植株受损。它的修剪方法和树莓类似，即彻底剪除已结果的老枝，让新枝彼此保持约13厘米的间隔。

黑莓：无刺的新品种黑莓为园丁带来可口水果的同时，也省去了采摘的痛苦，也让黑莓不再屈居野生灌木树篱的卑微角色。黑莓生长需要富含有机质的土壤，每年7~9月结果，随后剪去结果的老枝，以促进新枝萌发。

植物名称

要了解事物的名称和起源，就要了解其命名者、名称的来历以及词源的组成，并且了解得越深入获益就越多。

无名可称容易导致不负责任（我们对有名称的事物往往更有责任心）。不妨尝试把吃穿用度的每样东西都来点个性化的命名。

面对植物的拉丁学名，不要望而生畏！人们需要用某种通用语言来定义和标记植物区系，可能是其他语言，当然也可以是拉丁语。比起熟记某种植物的拉丁学名或多久该给它浇水，更重要的在于你能否与它产生心灵共鸣。

我们还要了解并赞颂植物的俗名，因为俗名往往具有拉丁学名难以企及的诗意与韵律感。比起描写叙述，拉丁学名更适合用于标识品种。植物的俗名不同地域有不同叫法，它们往往来源于凯尔特语、挪威语、拉丁语以及诺曼语等多种语系。这些俗名在人们的口口相传中逐渐发展，也因此与当地的种植经验紧密相连，尽管这些种植经验在繁杂的现代社会可能已经模糊难见了。

要想记住植物的名称，最好的办法是了解植物本身，通过亲身观察去认识植物，自然会记牢其名称。

不过别忘了，没人能够无所不知，就算是罗伊·兰凯斯特先生（译者注：罗伊·兰凯斯特是英国知名园艺师、作家与主持人。曾长期主持英国BBC电视台园艺节目《园艺世界》，并定期主持BBC广播节目《园丁问答时间》）也做不到。

右图：黄秋英幼苗 »

园艺月历

每个月在花园里，你可以做些什么？

以下是我的一些建议

1月

度过了关门闭户的12月，1月的花园开始慢慢试探，蠢蠢欲动。身为园丁的我也是如此，慢慢重新接受这片土地，虽然它曾带给我美好的回忆和期许，但现在这里除了寒冷阴湿别无他物。

我喜欢在这一整月里有条不紊地工作，让我能轻松悠哉地度过最阴冷潮湿的冬日。不可否认1月仍是冬日，但蓓蕾初萌的雪滴花，或是零星不畏寒冬的乌头，都使春天的光明熹微可见。随着气温回升，早花的报春与紫罗兰也渐次出现。

不过，回到现实，1月也只是一个普通的月份。白天很短，天气也总是特别不友善，想要完成任何园艺工作都要瞅准时机，合适的日子零星而短暂。

修剪要领

尽管在过去的几十年里，园艺手锯的质量不断改善，使得修枝剪叶大为改观。但修剪果树仍是1月份最繁重的任务。花上几个下午，用修枝剪和一把锋利的锯子一点点剪除多余或受损的枝条，以促进来年秋季挂果短枝的生长。这些劳作于我是一个愉悦的治愈过程，于我的花园则是对未来的投资。

果树

不论乔木还是灌木，不同木本植物对修剪的反应各有不同，还要看它们是处于生长期抑或休眠期。

如果在冬季进行修剪，不仅会促进单独的枝条生长，更会大大刺激整棵植株，使切口下方及其周围都萌发出许多新芽。

这意味着如果你剪除一根主枝，它将被多个新生枝条所取代。与大家的直觉恰恰相反，若想让柔弱的枝条恢复活力，更要对其大刀阔斧地修剪。

而如果在7月采用同样的修剪方法，树木的表现就会完全不同——它们会在修剪之后直接停滞生长。这也就是单杆式、墙式或者扇形等树木造型主要在夏季进行修剪的原因（见第156页）。

常规的冬季修剪要先去除那些相互交叉干涉的枝条，再将过长或凌乱的枝条剪短至芽点上方，以促发形成更多枝干。一个好的判断标准就是看修剪后剩下的骨干枝形成的框架，是否足以让鸽子自如地从中穿梭飞过。

大多数苹果树和梨树会在短果枝上挂果——所谓短果枝就是老枝桠上长出的那些疙瘩般的侧枝，它们需要2~3年才会成熟结果。因此，在冬季修剪之后长出的新枝通常在两年内不会有所产出。

切勿在冬季修剪李树、杏树、桃树或樱桃树，它们只能在必要时于春末修剪。

整形果树（单杆式、墙式、扇形果树）

要记住，你修剪得越厉害，再生的枝条就越强壮。因此，要去除生长柔弱的枝条，使其在春季长出富有活力的新枝，为整形做好准备。但最重要的造型修剪工作还要等到7月（见第235页）。

软核水果

秋果型树莓的枝桠要齐根剪除。红醋栗和鹅莓上所有交叉和向内生长的枝条要全部剪掉，形成一个开放的高脚杯状，然后将剩下的枝条剪去1/3，留下一个结实的框架结构，生长在此之中的短果枝会在来年孕育累累果实（见第191~197页）。

球根

1月种植郁金香也不算太晚，但一定要在1月中旬种完，否则它的花期就会明显推迟并缩短。我经常把较迟开花的球根种在花盆里，并加以额外的防护，诱导它们提早开花。郁金香和很多球根植物类似，需要一段时间的低温促进生长，因此要将花盆放在室外，直到新芽冒出，再移入温室或门廊内。

每年的这个时节，我还会给所有空闲的蔬菜苗床铺上一层腐熟的堆肥。在后续的几个月里，肥力通过蚯蚓和自然气候的作用渗入土壤，为之后的播种和栽种做好准备。所以1月的最后一项任务就是将堆肥过筛、装袋、加入到盆栽用土中，静待春播。

辣椒

辣椒需要较长的生长周期，才能在初夏积累足够的能量开花。植株越大，产出越多，而想要植株大小合宜，就必须尽早开始。我一般在1月底就播下种子，到2月底或3月初再播种一批。我会用不含泥炭的介质装满育苗盒，薄薄地撒上一层种子，然后放在加温架上催芽。辣椒种子发芽非常缓慢，如果好几个星期都没有动静，也别太担心。它们需要一定温度才能发芽，如果没有加热垫，放在暖气片旁的窗台上也行。

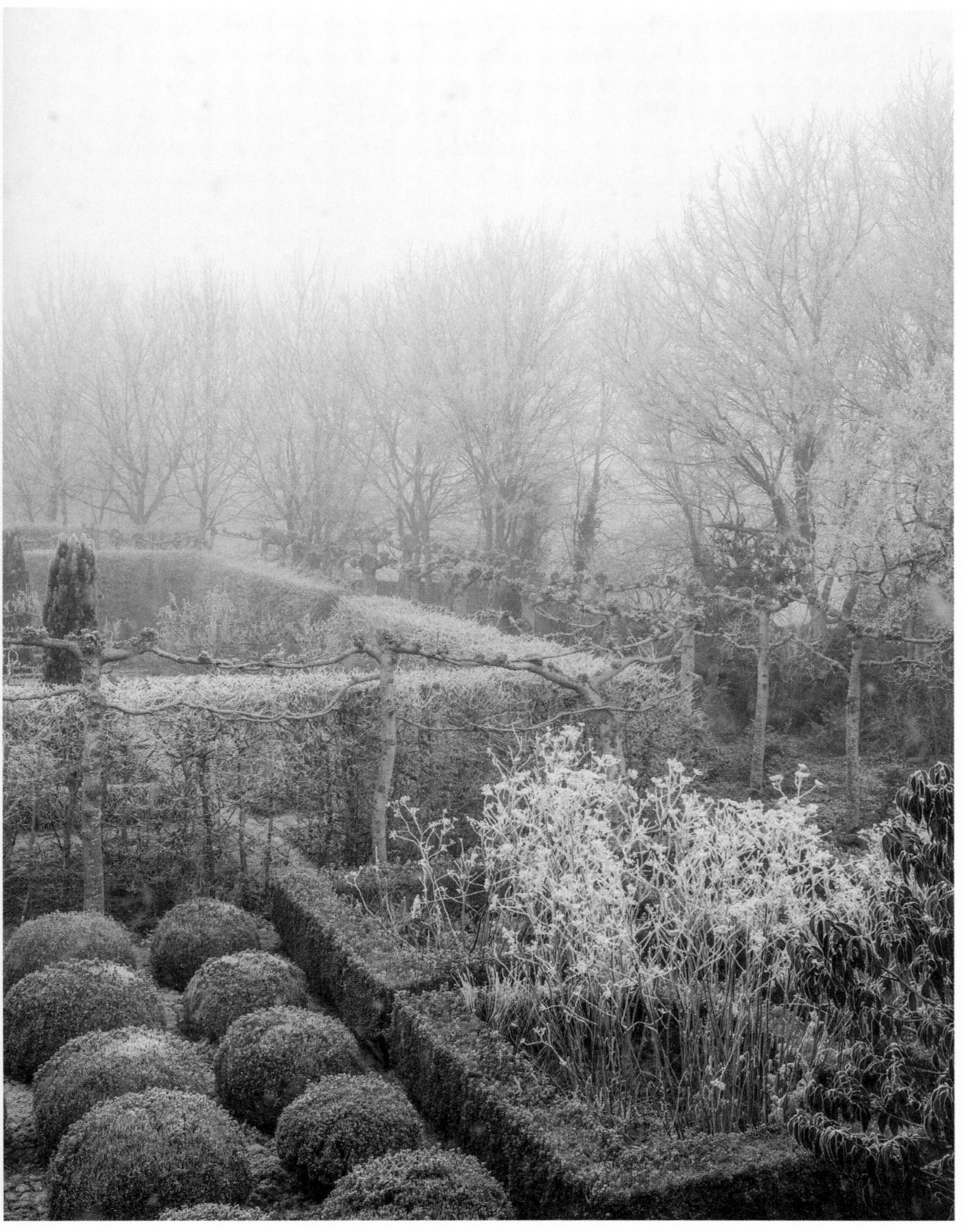

2月

我记得母亲最讨厌2月，因为冬日已经持续太久，而春天又似乎遥遥无期。对她来说，2月的唯一可取之处，在于它是最短的月份。很多人都和母亲持有相同的看法，但我还是喜欢2月。我喜欢它犹如一道世界与春光之间的闸门，蓄势待发。我喜欢此时每一天都在变得更长、更舒展，跃跃欲试。

2月是短暂却富有生机的月份。银柳、雪滴花、乌头、番红花、铁筷子、紫罗兰、报春花……所有这些植物都在刀割般的凛冽寒风中抵抗冰雪。这些春天的使者充满勇气，昭示着希望，令我欢欣鼓舞，园艺热情也勃勃升腾。小小植物都能感知春天即将到来，更何况是我。

所有的修剪工作都要在月底前完成，如果土地状况允许，还应该栽种好裸根植物。如果花境没有太过潮湿或结冰，我也会给其覆土。若说在圣诞节前，要整理好花园以备冬歇，那么整个2月就是在为即将来到的春天做好一切准备，就好似筹备一场派对。

裸根种植

多数人都是从园艺中心购买连盆带土的植物。但不论乔木或灌木，各种木本植物也都可以买到“裸根”状态的植株。这些植物原本种在地里，直到运输出售前才被挖出。出售时一般用袋子裹住根部，但不带一丁点儿土。只要有可能，我都会尽量选择购买这样的裸根植物。

相较于盆栽植物，裸根植物的优势在于价格更实惠，质量也更好，往往有更多品类可供挑选，并且它们也更容易在你的花园中扎下根来，其后生长也更快。

裸根植物唯一的缺点是你不能像对待盆栽植物那样把它搁在一旁，等到有空或者想做的时候才进行种植。裸根植物在到手后必须马上处理。将根系放入水中浸泡约1小时，使其吸足水分，然后放入种植穴覆土栽好，也可进行假植。记住根系从水里取出后要马上种下，不可让其有丝毫干燥。

假植是指在一块空闲土地（通常是菜地）上挖一条沟或一个洞，无需特别的种植技巧，直接将植物根部覆盖保护起来。为了避免被风吹得松动，最好把树苗倾斜45°种下。如果你买了一批树篱植物或小树苗，通常它们会被捆扎成束。要把捆束解开，一棵棵间隔紧密地单独植入，这样即使它们生长一段时间，根系也不会纠缠在一起（我曾这样假植超过一年时间，并未发现不良影响）。

蔬菜

每年的这个时候，如果把土豆放在黑暗环境里，它们会长出脆弱纤长的半透明细芽。而如果将它们置于明亮无霜冻的环境，则会慢慢发出疙疙瘩瘩的、绿色或紫色的芽，一旦放入土壤中，这些嫩芽就会迅速生长。这个过程称为“催芽”。

与无需催芽的晚熟品种不同，进行催芽的早熟和中熟品种的土豆能比未催芽直接种植的提早1周甚至2周收获——更早收获新土豆不仅能满足人们的需求热情，尽早将块茎挖出也能降低枯萎病的风险。

将种薯竖直放在托盘或蛋托里，刺激块茎从末端生长，然后将其摆放在凉爽的窗台或是其他有阳光且无霜冻的地方。经过4~8周时间，这样当你可以种植时——通常在复活节前后，它们会迅速生长。

理论上，买来的洋葱和葱头“套装”（小球根）都应该尽早种下，但在我的花园，土地状况总是太过潮湿寒冷，球根要等土壤变暖才会开始生长。因此，我总是先用育苗穴盘种植，把种球近乎置于营养土的表面，然后放入温室，这样它们就能稳定生长，长出强壮的叶片和健康的根系。

当户外的土地适宜种植时，幼苗已经逐渐茁壮，可以露天栽培了。唯一需要注意的是，不要让根须长出育苗穴盘。在其生长过程中，时不时地小心提起幼苗，检查根部是否变得拥挤纠结。当你握住茎叶提起植株时，应该看到一团营养土，而非穴盘形状的整齐根系。

2月光照的增加意味着，温室里秋播的沙拉作物每天都能产出大量新鲜叶片。芝麻菜、日本芜菁（水菜）以及‘寒冬’‘冬之胭脂’等品种的生菜，只需稍加保护即可越冬（我一直都把它们种在无加热的温室里），冬季过后它们就会开始茁壮生长。

2月初我会再种一茬，待到3月中旬，就可以接替秋播的沙拉作物了。

理论上，买来的洋葱和葱头都应该
尽早种下

与此同时，我会在花盆或控根穴苗盘里播种蚕豆，并加以覆盖保护。这样到4月初，就能把健康的蚕豆苗种到抬高苗床里去了。

抬高苗床不用（或说不应该）进行冬季翻掘，只需在表面施以2.5~5厘米厚的花园堆肥。接下来的几个月，土壤温度逐渐回升，堆肥也已经混入土壤，便可直接播种了。

修剪

到了2月中旬，所有需要在冬末或早春修剪的攀缘植物和灌木都可以开始修剪，此后的一个月时间都可以做这项工作。我就是这么做的，修剪的种类主要集中在月季、铁线莲和其他一些灌木，如醉鱼草。

月季

月季修剪并无神秘之处，事实上无论你怎么修剪，它都能恢复过来。因此放轻松去做吧！唯一要遵守的规则是使用锋利的树剪或修枝剪，保持切口干脆利落，避免挤伤。尽量在芽点和叶片上方剪切，无需纠结是外向芽还是内向芽，只要是芽就行。

首先，剪除所有受损或相互交错的枝干；然后，重剪那些过于孱弱、无力支撑自身重量的枝条；最后，将月季丛中过于拥挤的木质化老桩修剪至基部。大多数灌木月季不需要任何修剪，但也可以将其1/3的枝条剪掉，以促花整形。杂交茶香月季、丰花月季、中国月季都可以遵循相同的处理步骤，然后将剩余的健康嫩枝剪去2/3，只留下一个基本框架，开花的新枝将从这个框架上长出。

月季修剪并无神秘之处，无论你
怎么修剪，它都能恢复过来

攀缘月季修剪的目的在于维持一个结构，将长枝尽量横向牵引，使其侧枝垂直生长。这些侧枝将在春季长出新的花芽，因此，可以剪短到健康芽点的上方，只保留几厘米的长度。

蔓性月季与攀缘月季不太一样。攀缘月季花朵更大，往往在夏季多次开花，有些甚至能连续数月开花不断。而蔓性月季则花朵小巧，簇生，一年中只在仲夏开一次花。蔓性月季品种有‘博比’‘长蔓’‘喜马拉雅麝香’等。这些品种在冬、春两季都不需要任何修剪，

因为花苞主要来自去年夏末新生的枝条。若要对其进行造型或限制生长，那么就应该在花期之后立即修剪。

铁线莲

最简单的规则就是：如果它在6月前开花，就不要在冬春季节修剪。因此对于早花种类，如绣球藤、高山铁线莲、山木通，除了在花期之后整理藤条走向之外，不需要修剪。铁线莲的大花品种，如‘玛丽·布瓦西诺’或‘内利·莫舍’则需要剪掉约1/3的枝条；对于晚花品种的铁线莲（即在6月24日后开花的品种），如意大利铁线莲，要在冬末将所有的枝条修剪至离地15~30厘米高，只保留2个健康的芽即可。

如果不确定自己的铁线莲是什么类型（或者月季究竟是攀缘月季还是蔓性月季），那就先不要修剪，让它开花并记录下来，留待来年再做处理。

灌木

春季开花的灌木，如山梅花、溲疏、锦带花、悬钩子，都是在去年夏天长出的枝条上开花，所以应该在花期后修剪。

而诸如醉鱼草、山茱萸、柳属植物、绣线菊、落叶美洲茶、长筒倒挂金钟、短筒倒挂金钟等在当年新枝上开花的灌木，可以像晚花铁线莲一样重剪。你修剪得越狠，它们开得越盛。

割草

整个冬季，花境里的观赏草都美不胜收，但到了2月中旬却显得有些颓败。秋冬枯萎的观赏草，如芒草、拂子茅、发草等，在新生绿芽萌发前，都应该齐根剪除。因为只有剪掉去年的老叶，才不会影响今年新叶的生长。而常绿观赏草，如针茅及蒲苇属植物，则应该用耙子或手（我建议戴上结实的手套，因为草叶真的很锋利）将每株草梳理一遍，去掉旧叶和老茎。不要在这个时节进行分株或移栽观赏草。只有强壮的植株才容易在分株或移栽后存活，因此，要等到仲春甚至晚春才行。

3月

如果说2月是希望点亮之时，那么3月则是万象更新之际。山楂树篱嫩绿的小芽渐渐冒头，雪滴花黯然退场，洋水仙、番红花、铁筷子如潮涌观，甚至第一批原生郁金香都开始绽放，好戏已然开场。到了这个月的最后一周，白昼开始长过黑夜，时间调成了夏令时，园丁们被额外赠予了一小时，可以充分利用的一小时。但3月总是带着一根蜇人的尾巴。天气变幻无常，一天之内便可历经从温暖干燥到风雪交加的极端天气变化，所以别因为长久以来的渴盼而陷入那虚假的安适中。虽然本能总是渴望占尽先机，但在春天，一切宜迟不宜早。

从清晨的鸟鸣，到山楂的新芽，再到自在盛开的洋水仙、番红花和贝母，生命的种种迹象无从掩抑。尽管天气变化无常，我想要出门干活的心却在蠢蠢欲动，一日比一日迫切。眼前有大堆的“家务活”，如支撑、捆绑、修复和准备之类的工作，这些活儿让园丁重新投入花园，共赴春天的怀抱。

本土的报春花是我最爱的春季开花植物。一丛丛浅黄色的花儿簇拥着掩藏在灌木树篱和灌木丛下，积雪如文艺复兴时期的拉夫领环缀着它们。即便是风雨的侵袭，也无损于它们那独特、亮丽而又精致的气质，它们好似捕获了那崭新春日里所有的希望与纯真。

每年的这个时候，我的活力早餐之一就是酸奶炖大黄。再没有比这更清爽、更清新、更甜得让人魂牵梦萦的餐点了，它能让晨起的困倦一扫而空，准备好迎接一整天的艰辛劳作。

我种了很多不同品种的大黄，从圣诞节第一枝爽脆的嫩茎开始，可以一直持续供我们享用到7月初。完全遮光则能提前收获更甜的大黄茎。浅粉色长茎末端的叶片因生长抑制会变成明黄色，糖分也随之大大增加。为了提前收获，往往我会选择种植‘早起的提布列’，而这个品种也确如其名，是非常优秀的早熟大黄。

如果土壤不是过于潮湿，所有的草本、落叶乔木、灌木都可以在3月移栽，并且乔木和灌木的移栽工作通常必须在本月底之前完成。常绿植物则可以安然地等到4月。在种植任何木本植物的时候，挖好的坑应该宽而不深，土壤要足够松软，切勿直接在植株下方的土壤里施肥，这样才能促进根系伸展开来而不是盘结于植株底部。给植物浇透水后，要在土壤表面好好覆一层厚厚的堆肥土。

在种植任何木本植物的时候，
挖好的坑应该宽而不深

所有的冬季修剪都可以在本月完成，尤其是像山茱萸属、柳树以及接骨木属这类枝条具有观赏性的灌木，也可借助重剪来刺激新枝萌发，从而在下个冬季焕发更鲜艳的色彩。

3月中旬，我拿出储藏室里过冬的大丽花块根，清理一番，扔掉干瘪和腐烂的部分，然后上盆。我会把其中的一小部分放到加热台上，以促进抽芽，供扦插使用，剩余的则放到冷床里，让它们徐徐开启前往春天的旅程，当最后一场霜冻（我这里一般是在5月中旬以后）过去再移栽到户外，此时的大丽花则正好处于旺盛生长期。

3月是播种的好时节，也是全面开启种植计划的好时机。如果有足够的空间以及完善的保护措施，就可以播种了。耐寒或不耐寒的蔬菜、香草，不耐寒的一年生花卉以及多年生草本都可以在3月开始播种。

冷床的可贵之处在此时体现得淋漓尽致。春天，我更愿放弃温室而使用冷床。它既能在恶劣天气里为幼苗提供保护，而敞开顶部后又能炼苗。这个月的花园看起来光秃秃的，冷床才是重点项目所在之处。

在攀缘植物开始疯长之前，检查一遍所有的支撑物是很有必要的，如固定在墙上或围栏上的金属丝和钉子，以及给豆子做支撑的三脚架等。换掉不牢靠的部分，再进行加固。

覆根

3月是覆根之月，覆根指的是在土表铺上一层材料。这里的材料通常是指有机物，如花园堆肥、木屑、树皮或椰壳，还可以再混入砾石或者碎石片。

新生的草本与球根植物，从零星点缀于花境之中到长得过于茂盛而有碍日常劳作，这期间大概需要2~3周。而这段时间正是覆根的最佳时机。

春天，用有机物覆根可以改良土壤、抑制杂草以及保持湿度。这三者单独来讲都很重要，而且能够共同作用，对花境与你的时间安排带来根本性的影响。有效的覆根意味着几乎没有杂草、几乎不用浇水、土壤得到改良、植物更加茁壮。

覆根是通过隔绝光线来抑制杂草。就我的经验而言，覆根层起码要5厘米厚，10厘米则更为理想。诸如原拉拉藤、繁缕、欧洲千里光之类的一年生杂草（它们竟能在短短5周内生长结籽）的小苗就无法生长，种子也不会萌发。虽然多年生杂草能穿过覆根层生长，但长势孱弱，更易于拔掉。

不要为了追求护根覆盖的广度而吝啬于厚度。薄薄地覆盖整片区域不如厚厚地铺上一半。别盖住多年生植物的根颈，如有必要，可以在一年生植物的小苗周围覆上一圈。虽然大部分的球根植物都能穿过覆根层生长，但已经长出来的洋水仙和郁金香叶片最好别盖住了。

覆根物改良土壤的时间一般需要整整一年（花园堆肥需要大约6个月，树皮则需要一年甚至更久）。改良的结果是增加轻质土壤的重量，疏松黏重的土壤。

在覆根之前，有必要做好诸如除草、分株、移栽以及添加多年生植物或灌木之类的花境“家务活”，铺好覆根物之后，尽量避免扰动。

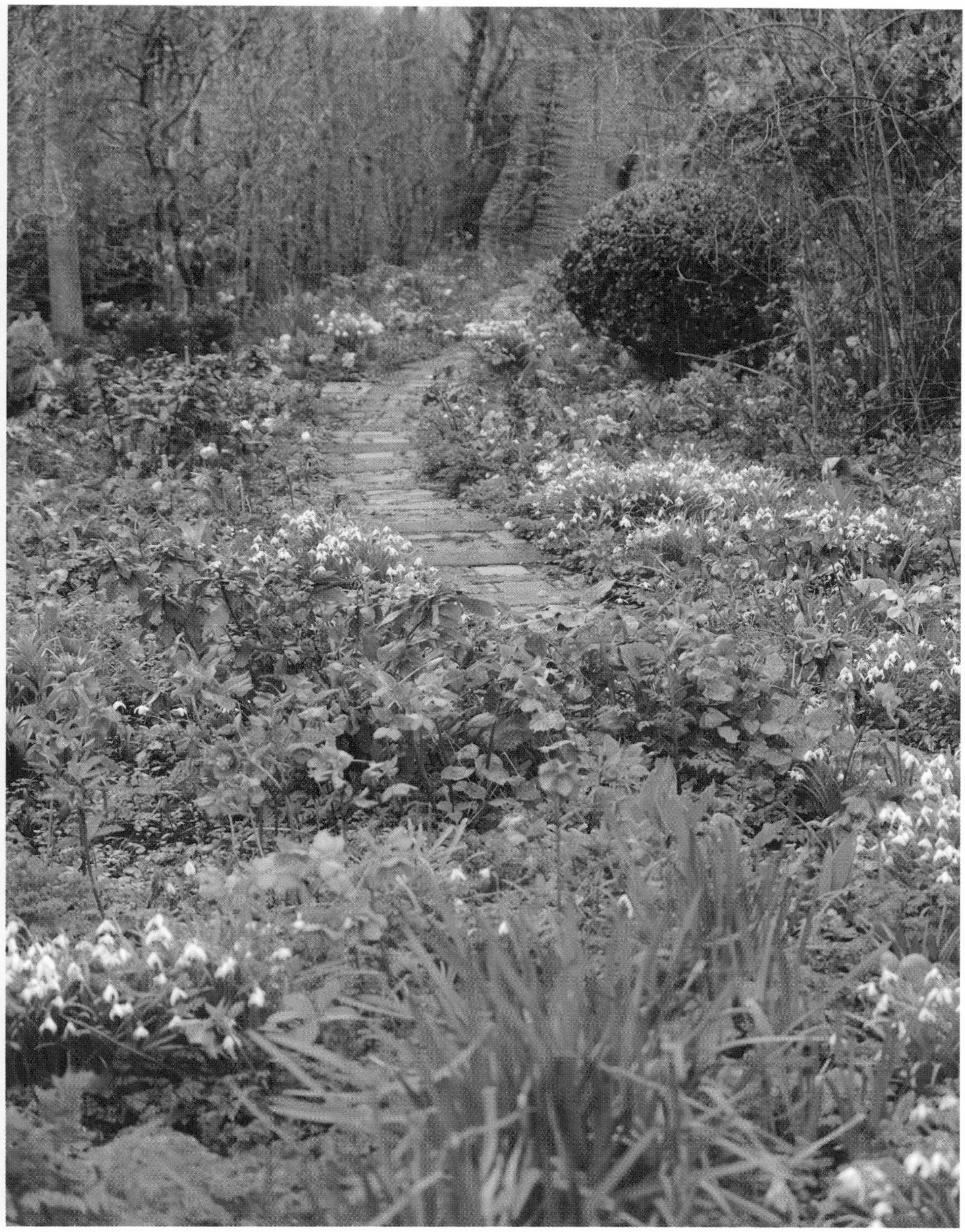

4月

在所有月份当中，4月是唯一一个自始至终都在发生变化的月份。在4月，整个世界天翻地覆。愚人节这天，春日的气息明确却又稍纵即逝，到了30号，绿意和鲜花则已济济一堂，郁金香、糖芥、山楂、峨参和铁线莲璀璨盛放。整个世界到处花开烂漫。

这个月以树篱上尖尖的绿芽为开端，而后吹着新生的嘹亮号角，喧嚣欢闹地挺进5月作为收尾。这是洋水仙之月，以及更为辉煌壮丽的郁金香之月，这场欢庆圣乔治节的盛大庆典在月末最后一周迎来高潮。

虽然花园里早已是早花铁线莲、球根植物以及春花宿根植物的天下，盛花的果树也好似漂浮在花团锦簇的彩云之间，然而，真正让4月与众不同的，却是那与日俱增的绿意。一开始，裸露光秃的树干以及褐色的土地仍在花园中占据主导地位，但4周后，充满活力和生机的绿意将整个花园淹没，然后其他色彩方能在这个绿色的大背景上各自斟酌计较着找寻自己的位置。

如果生机勃勃的花园还不够有趣的话，那么家燕和岩燕的归来则为4月带来了新的福音。它们带来的巨大幸福感让人确信春天真的来了。

这些春天的哨兵，零零星星地从南非远道而来。在完成这史诗般的旅程之后，它们饥肠辘辘、精疲力尽地抵达距离其出生地方圆几百米的区域。头几周它们会在天空中翩跹嬉戏，高飞低掠，待休整恢复后就会急匆匆地开始筑巢与繁衍，哺育至少两到三窝雏鸟，它们繁忙的身影将花园的天空剪出美妙的阿拉伯式藤蔓花纹。

过去25年来，有对燕子每年都在我家棚舍上的同一个地方筑巢。它们是饕餮的食客，每天进出巢穴几百次，吃掉成千上万的苍蝇和蚜虫，它们实在是园丁的挚友。

同样的，它们也是优秀的天气预报员，它们捕食的昆虫会因气压的影响而在不同的高度活跃。也就是说，当燕子在天空中翱翔的时候，第二天可能会是个晴朗的好天气，而当它们灵巧地俯冲到离地数尺高的地方追逐昆虫时，就说明气压很低，可能马上就会下雨。

郁金香

当4月的郁金香开始大显身手时，时间就来到了一年的转折点。早春时节的花园在新绿的调和下显得浅淡而雅致，而郁金香则用尽了除蓝色之外的所有纷繁色彩，大张旗鼓地打破了早春柔和的调色板(有一个叫‘蓝鹦鹉’的品种，但顶多也只算近似于蓝色)。郁金香是每年最先闪耀的色彩，同时也是百花中最奢华的。

与所有球根植物一样，郁金香花后的叶子不要剪，因为需要它们为明年开花的新球储备能量。但种穗必须摘掉，避免球根的能量浪费在结籽上。包括球根和叶子在内的整株植物都可以挖出来收在架子上，置于阳光充足、干燥的地方，或者种进苗床里。等叶子自然枯萎后，就可以储存在阴凉干燥的地方等待秋天了。

与所有球根植物一样，郁金香花后
的叶子不要剪，因为需要它们为
明年开花的新球储备能量

大部分的郁金香每年都只会长出一个开花大球以及许多小球。小球可能需要好几年的时间才能长成开花球，这就是为什么地里的郁金

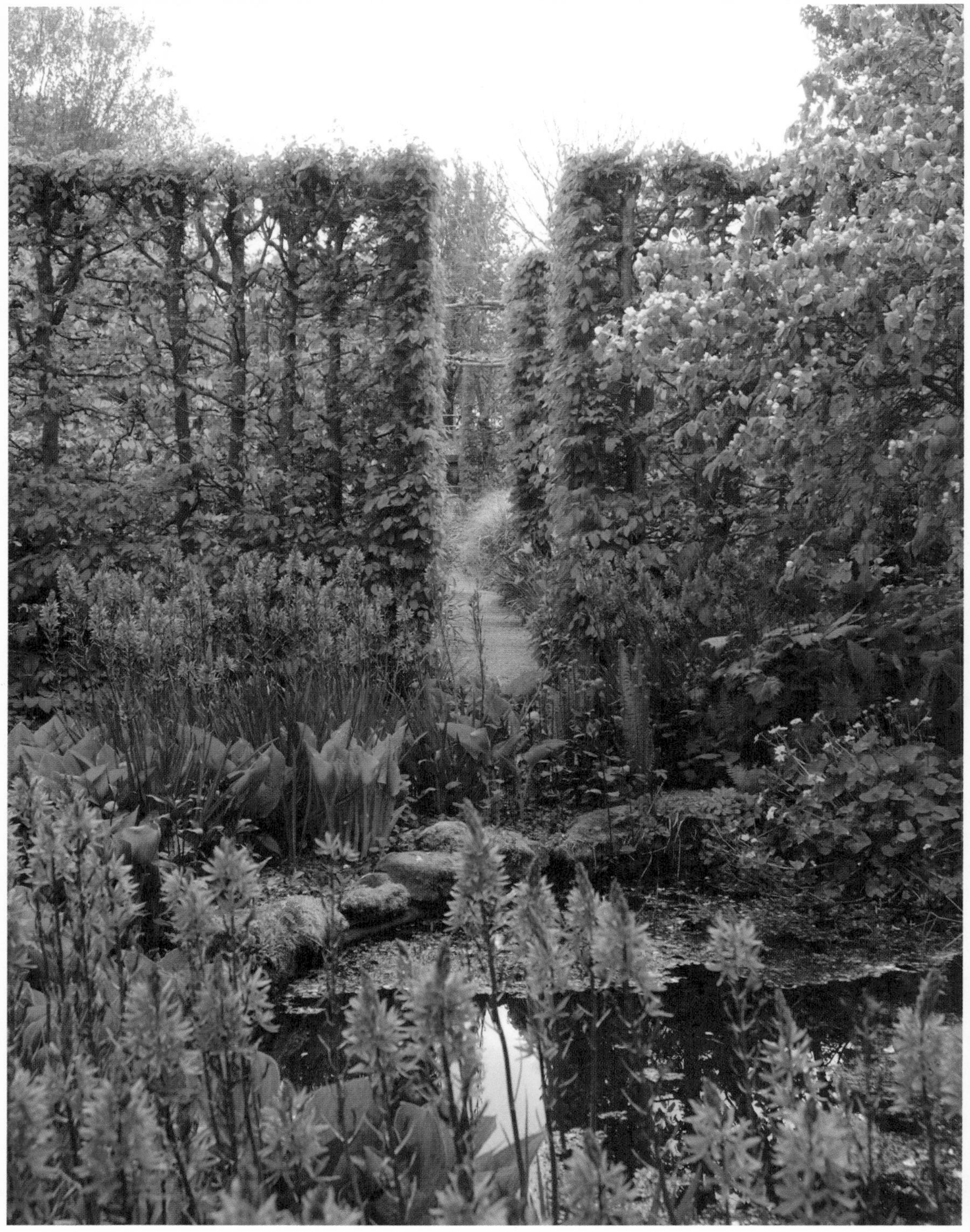

香种球会越来越小但越来越多的原因。每年11月最好补充新球以获得更好的观赏效果。

蔬菜

4月的傍晚，我耙着地为播种夏收的蔬菜做准备。四周的花园已逐渐成形，这实在是我能想到的最快乐的事了。整个冬季，脚下的土壤冰冷潮湿，但当指尖感受到的黏腻冰冷被温暖所取代时，当整地的耙子抚过土壤得到回应时，我知道我的好土地又回来了。

有些植物喜欢凉爽（但不寒冷）的天气，芝麻菜就是其中之一。1月下旬播种，3月户外定植，4月即可收获。这样的芝麻菜拥有最为浓郁的辛辣与黄油般的风味，8月播种、秋季收获的芝麻菜，表现也相当不俗。芝麻菜是非常好的填闲作物，能接续那些不耐寒且需要在肥沃土壤中才长得好的蔬菜，而这类蔬菜往往在5月底才能定植到户外。

玉簪分株

诚然我喜欢株型丰茂的大型玉簪，如‘斯诺登’‘巨无霸’以及粉叶玉簪，但它们长得太快太大，会迅速挤轧附近的植物，所以要定期分株。分株不仅能给周遭植物腾出空间，还能刺激植物生长，获得一些新植株。分株的最佳时机是4月玉簪刚刚开始冒头的时候。

我认为最好的分株方式是将整株植物挖出来，连着根系全部放在土面上。用锋利的铲子像切蛋糕一样将植株切开来，从而获一些较小的植株。这样一来，每块都包含了一部分外围植株，而这部分比中间的部分更有活力。而后每块分株都可以单独或成群种植。

如果要分割更大更成熟的植物，用锯子会更容易一些。把植物放在桌上，锯成几段，中间木质化的部分可以拿去做堆肥。分株移植后一定要浇透水，再铺上厚厚的花园堆肥覆根。

天竺葵扦插

春天是天竺葵抽新枝的季节，此时重剪既可以修整株型，又可以获得扦插材料培育新植株。摘掉插条下部的叶子，用锋利的刀划出干净整洁的切口。装满排水良好的沙质种植土的盆中至多可以插入4个枝条。天使系列的品种很容易生根。如果过于潮湿，插条很容易腐烂，所以别用塑料袋促根或者塑料育苗盘扦插，只需浇好水，放在温暖的地方（加热垫上就很理想）就可以了。在等待生根的过程中要保持枝条干燥而土壤湿润。当观察到新芽开始生长的时候，就说明根长好了。

炼苗

对于在温室、冷床和窗台保护下培育生长的植物来说，炼苗是必须的。这在天气乍暖还寒的春天尤其重要。

炼苗最好在数周内分阶段进行，在一系列有保障的条件下逐步增强植株对户外环境的生存适应能力。先将植株从加热温室转入不带加热装置但夜晚可关闭的冷床中，一周左右后再移到户外遮风避晒的地方。这个过程让植株在定植前慢慢地适应天气和温度的变化。对比那些直接从安逸的温室移到条件恶劣的户外环境的植物来说，经过炼苗的植株会长得更快、更健康。

实际中，许多人并没有这些设施，但在房子或棚屋附近搭个遮蔽点绝对值得，它将成为保护幼苗的港湾。

5月

迷人的5月花园是生活的最佳馈赠。一切好似坠入了爱河。每一片在春天恣意生长的叶子，都如那抒情的诗句，如那隐晦的表达，如那非凡的曲调，亦如它们在秋天不经意的飘零。5月有点像圣诞节。每天都是一场庆典。我熟知所有的仪式与预兆，但5月仍会让我兴奋颤栗并且从未令我失望。蓝铃花、苹果花、峨参、鸢尾、早花原种月季、耧斗菜、大花葱、鬼罂粟争相盛放，它们如同久别重逢的老友，却带给我宛如初见的新鲜和欢喜。

5月最妙的不是花儿，而是在这一整月蔓延生长的绿意，那么浓妆淡抹，那么郁郁葱葱，令人惊叹不已。如同欣赏着一场美妙的日落，一切都无可挽留或延长，唯一的明智之举就是沉浸其中，细细享受这一分一秒消逝的奢侈时光。

5月也可能会很冷，在我们这儿要是没降几场霜那便是稀奇事儿，我甚至还见过5月飞雪呢。时常潮湿，偶尔也会干热，人们对总是阴云密布的天空也已习以为常。但没关系。花园璀璨的光芒和活力是无法被压抑和削减的，它们能驾驭任何天气，让整个花园总是充满激昂的欢乐颂歌。

支撑多年生植物

在植物需要之前就做好支撑已经是老生常谈了。这背后有两方面的考量。其一，在植物相对较矮小的时候设置好支撑物，新生的枝叶就会快速地将其遮盖，这样花境就不会显得束缚、不自然。其二，倒伏过的植物无论再怎么小心翼翼地扶正也无法完全恢复原状。为了达到自然的效果并提供有效的支撑，我喜欢用修枝后的多余枝条（榛树枝就很理想），它们不费一分钱，可生物降解且结实，易于插进土里，能为植物提供坚实的支撑，同时不会伤到新生部分，而且不失自然。

5月，一切生命迅猛生长，包括杂草。我们唯一能做的就是控制杂草的长势，让它成不了气候。有些植物（如洋葱和大蒜）对竞争非常敏感，需要定期除草，避免杂草争夺水分和营养。最好的方式是定期清理杂草的幼苗。这项工作很简单，只需一把锋利的锄头，选在土壤干燥的时候进行，在土面浅表处锄断杂草的根系即可。在晴朗的清晨锄草，锄掉的杂草会被太阳晒干而死，而在阴湿的天气或者傍晚除草，未完全斩断的杂草就可能得到苟延残喘的机会，甚至重获新生继续生长。

我们唯一能做的就是控制杂草的长势，让它成不了气候

一旦到了5月中旬，那些在过去近7个月里需要保护免受霜冻的不耐寒植物就可以放心大胆地搬到户外了。芭蕉、象腿蕉、大丽花、树大丽花、柑橘柠檬类、百子莲、鼠尾草、秋英、天竺葵、莲花掌、柠檬马鞭草、龙蒿、各种薰衣草以及倒挂金钟等，这些植物连续好几个月塞满了加热温室的每一寸空间，它们渴望结束这种状态，到外面晒晒太阳。

然而循序渐进地分阶段炼苗非常重要，要逐步将它们暴露在冷空气中，做好防护措施以免晚霜冻带来的伤害，用园艺薄毡覆盖或者搬回遮蔽点都可以。白昼变长，夜温回升，二者的共同作用才是改变一切的根本因素。本月中旬（切尔西花展周前后）我总是会定植番茄，把一年生不耐寒植物移栽到花境中，如百日草、肿柄菊和

向日葵，因为我知道这些植物都将结束在春寒料峭中瑟瑟发抖的状态，开始真正爆发式的生长。

花园如同成了一座群英荟萃、热闹非凡的舞台，植物们各就各位，神气十足地炫耀着自己。虽失之低敛，却另有一番簇新的派头。

芦笋

虽然一年大部分时间里都能买到新鲜的芦笋，但5~6月才是芦笋的黄金时节。种植芦笋需要较大的空间以及特别的养护条件，且只能在5~7月之间收获。自家种的芦笋才是真绝味，买来的反季节芦笋跟在花园里现切下来就丢入滚水里的芦笋根本没法比。与新鲜的土豆、豌豆或者甜玉米一样，芦笋的鲜美风味在收获之后的每分每秒都在流失。

通常，芦笋在沙质土壤中表现最好，但只要土地足够肥沃，其他类型的土壤也不错。如果你家的是重黏土，那就需要起垄，让植株远离积水。关键的排水问题可以通过调整土壤来解决。在畦沟中起垄后，将植株置于垄上，根系垂在垄的两侧，然后覆土。又或者只需在土壤里加入大量的砾石，然后直接将芦笋种在15~22厘米深的坑里。无论采用哪种方式，都别在排水问题上敷衍。

6月

6月带着春天的最后一丝痕迹来到花园，然后在盛夏时节离开，长长的观赏草经历了第一次修剪，月季进入了盛花期，整座花园如同熟透了的李子。整个月份如同一首奏向高潮的曲调，每个白昼都是可爱的加长版，让你能在奔波劳累一整天后，回到家中还可以在屋外多流连几小时。我理想中的园艺天堂便是在渐渐四合的温柔暮色中，或除草或种植，而那光线仍然持续着，持续着，足以让我一直忙碌到晚上10点之后。

我理想中的园艺天堂便是在渐渐四合的温柔暮色中，或除草或种植

在这一年余下的日子里，我会将这些傍晚在记忆里珍藏，就像将我最珍贵的宝贝藏在口袋里一样，随手抚摸，让它们陪伴我熬过凛冬里那些黯淡的日子。许多人喜欢坐着，看着花园渐渐没入夏日的夜色之中，而对我来讲，一半的乐趣在于可以干很多活儿。菜园从播种到收获都需要持续关注，初夏盛花期之后的花境需要用一年生不耐寒植物重新注入活力来接续花季。这一整个月我都在大量播种，同时尽可能多地扦插，拈取此时一年中的巅峰能量，送往将来的季节。

我总觉得，6月像是对其他月份的答疑解惑。有些问题具有实践意义，例如这个花境的最佳状态是怎样的？这个角落光照最充沛的时候是怎样的？白昼最长之日太阳从哪里升起？而有些问题又富有哲学意味，例如我想通过园艺追求些什么？地球上的这么一块弹丸之地为何能让我如此怡然自得？答案显然藏在6月花园的各个角落里。但此刻仍有许多期盼，花园也仍充溢着美感，令人满心欢喜、无忧无虑，丝毫不似8月夏末的的日子，因为那在角落里虎视眈眈的秋季，因为那刚出现的凋零而不免伤逝惆怅。一切仍鲜嫩可爱、熠熠生辉，没有一丝丝的倦意。一切尚无定论，前方仍有无限的可能。

此时的菜园正适合播种和定植不耐寒的蔬菜，如南瓜、菜豆、甜玉米、菊苣、番茄和辣椒等。花境里北方长日照植物的长势日渐丰茂，到达了巅峰，独领菜地风骚，展现出一派温婉繁荣的光景，而来自赤道附近的不耐寒短日照植物则努力生长着，试图长成更加光鲜饱满的样貌来攻城略地，主宰盛夏。

原种月季

我喜欢月季，所有的品种都喜欢。而到了6月，数以百计的月季花会在我的花园里盛放。我对古典月季即传统月季很是痴迷，如法国蔷薇、突厥蔷薇、波旁蔷薇、白蔷薇、百叶蔷薇等，这些拥有浪漫怀旧名字的月季，只开一季花，花期一个月左右，但散发的魅力可以持续整整一年。这类月季其实很容易招人喜欢。

我喜欢月季，所有的品种都喜欢。
而到了6月，数以百计的月季花会在
我的花园里盛放

原种月季不太受重视。它们的名字都取自正式的拉丁学名，与杂交种名字相比失了几分亲和力，然而与花园里的其他植物一样，它们的魅力与优雅并不会因此减少半分。

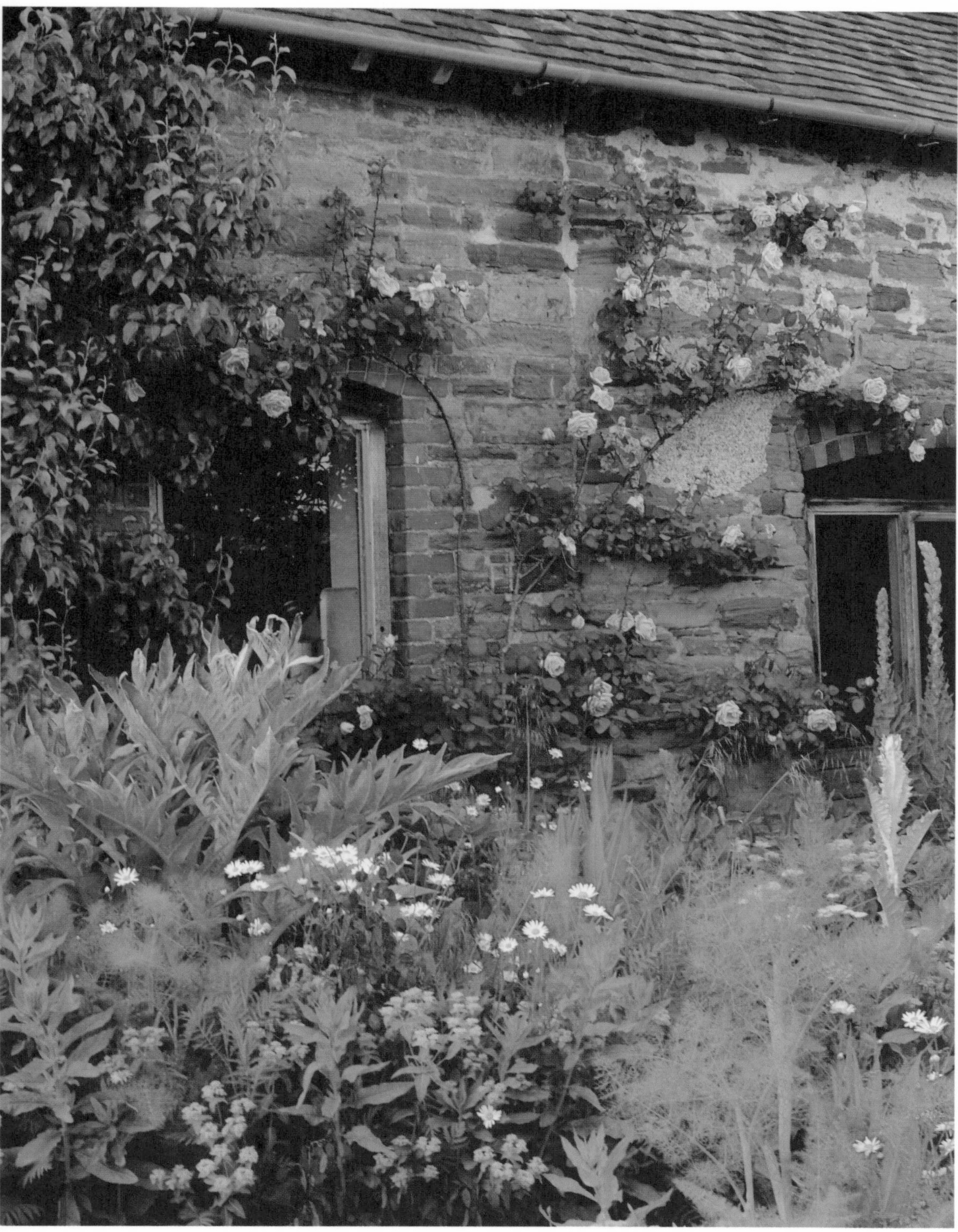

细想一下，最可人的月季往往是那些花朵硕大、高度重瓣的品种，而原种月季的花型简单且相对较小。但原种月季群放的盛景还是美到令人窒息，朴素的花朵平添了纯真之感，这是杂交品种难以比拟的。

原种月季是自然界中原有的、未发生变异的原生植物，与嫁接的月季（包括所有单独命名的品种）不同，它们纯正的血统得益于自花授粉或者同种异花授粉。从未受到过人类的干预。要说它们的枝条缠绕纠结，这是它们的天性使然。要说它们的花期仅仅数天，那也是其本性难移。而这些特质恰恰是我喜欢它们的理由，更赋予了它们清新脱俗和野性之美，它们的抗病性也很好，几乎从不会感染它们的杂交亲戚易患的各种病害。

不耐寒植物

4~5月，我们都一直在种植、培育、保护以及循序渐进地炼苗，如美人蕉、大丽花、鼠尾草等不耐寒植物以及肿柄菊、秋英和百日草等一年生植物，这些植物都在夏末花境中扮演着举足轻重的角色。到了6月，我们就可以放心大胆地将它们移栽到户外，再不用担心遇到霜冻了，温暖的夜晚也足以让植物茁壮成长，为花期打好基础。

有些植物难免会因为过早播种而滞留在育苗盘中长过头。当它们能在花境中汲取新的营养并享受自由时，总比不上那些在恰当的时间里移植到户外的小苗，这些小苗在育苗盘里时就非常健康，随时做好了扎根户外的准备。我估计对于大部分播种苗来说，处于最佳移栽状态的时间大概只有短短10天。时机就是一切。

好好浇完定根水之后，这些不耐寒植物就能应对英国夏季的任何天气状况，整个夏天都不用浇水施肥，这样植物的根系才能伸展开来，扎到土壤深处，从而更好地汲取所需营养。

菜蓟

菜蓟（与宝石红甜菜、紫甘蓝以及菜豆一样）是少数几种既是美食，同时又值得在花境中分得一席之地的植物之一。它们在全日照、土壤肥沃且排水良好的环境中表现得最好。在种植坑中加入大量的堆肥是个两全齐美的办法。种菜蓟要有耐心，第1年掐掉所有花苞，保证所有的养分都供给根系和叶片生长。第2年的植株会更加茁壮，至少能收割两茬。作为多年生植物，菜蓟虽然可以存活多年，但植株成熟3年之后（播种之后的第4年），产量就会开始下降。

菜蓟是少数几种既是美食，同时又值得在花境中分得一席之地的植物之一

如果从第2年开始取短匍匐茎繁殖，就能持续拥有处于第2~3年巅峰产量的植株。春天时剪下一小截带着叶子的根，种在定植的地方就可以了。不用担心老叶枯萎，会有新叶长出更替。第1年待其定根，铺上厚厚的覆根物以抵挡霜冻，这样第2年开春时植株才会旺盛生长。

修剪

绣球藤组铁线莲或者阿尔卑斯铁线莲这类春季开花的灌木和攀缘植物，以及丁香、山梅花或者茶藨子这类灌木，在月初花期结束之后可以进行修剪。为了避免铁线莲四处蔓生，可以用剪刀修剪，或者每隔几年重剪一次，促进植株萌发新枝，保持株型紧凑。夏季新生的枝条则会承担明年开花的重任。

对丁香这类灌木的老枝应该一剪到底，但每次修剪的量都不应超过1/3。去掉交叉或者受损的枝条，彻底清理杂草，铺好覆根物以促

进新芽萌发。

小技巧：6月初的时候，我总会在花园里到处转悠，顺手给出入口两侧的树篱修修垂直面。这不是正儿八经的整枝（现在不能做正式的大修剪，会打扰到正在筑巢的鸟类），但是可以稍微修整一下。简单的微调就能让整个花园看起来更加紧凑清爽，事半功倍。

7月

我的生日在7月。所以每年此时，总觉得新岁将至。若你洞察仔细，即可看到7月莅临的痕迹：白昼变短，物候也随之更替。夜晚的温度升高，就在6月上旬你还觉得春意满满，而时下那夏日的味道却日渐丰腴。尽管每一日的天气依然变幻莫测，但盛夏已经正式扬帆起航。

花园里的美人蕉、大丽花、向日葵、秋英争奇斗艳，香豌豆花开正浓，而整个7月上旬更是月季绽放的荣光时刻。菜园里的豌豆、菜豆、生菜、新鲜土豆、甜菜、大蒜、胡萝卜、菜蓟都相继成熟，亟待收获。

整座花园迎来馥郁成熟的时节，就像已经熟透等待采撷的梅子。这是它专属的芳华，正该细细赏味，然而在这视觉的饕餮盛宴之余，我总能瞥见一抹忧愁。白昼开始变短，6月那种青葱的、令人难以抗拒的新鲜感已经无法重来。那些弥足珍贵的韶华已渐行渐远，随之而来的，是挥之不去的满满遗憾，嗟叹彼时未曾倾注全心全意，悔恨自己不够珍惜每寸光阴。

整座花园迎来馥郁成熟的时节，
就像已经熟透等待采撷的梅子

随着7月的到来，花境也进入一个全新时期。短日照植物纷纷亮相，其中包括所有不耐寒的一年生花卉以及鼠尾草、大丽花、美人蕉等，它们相继取代了东方罂粟、飞燕草、鸢尾并依次登场。园丁需要

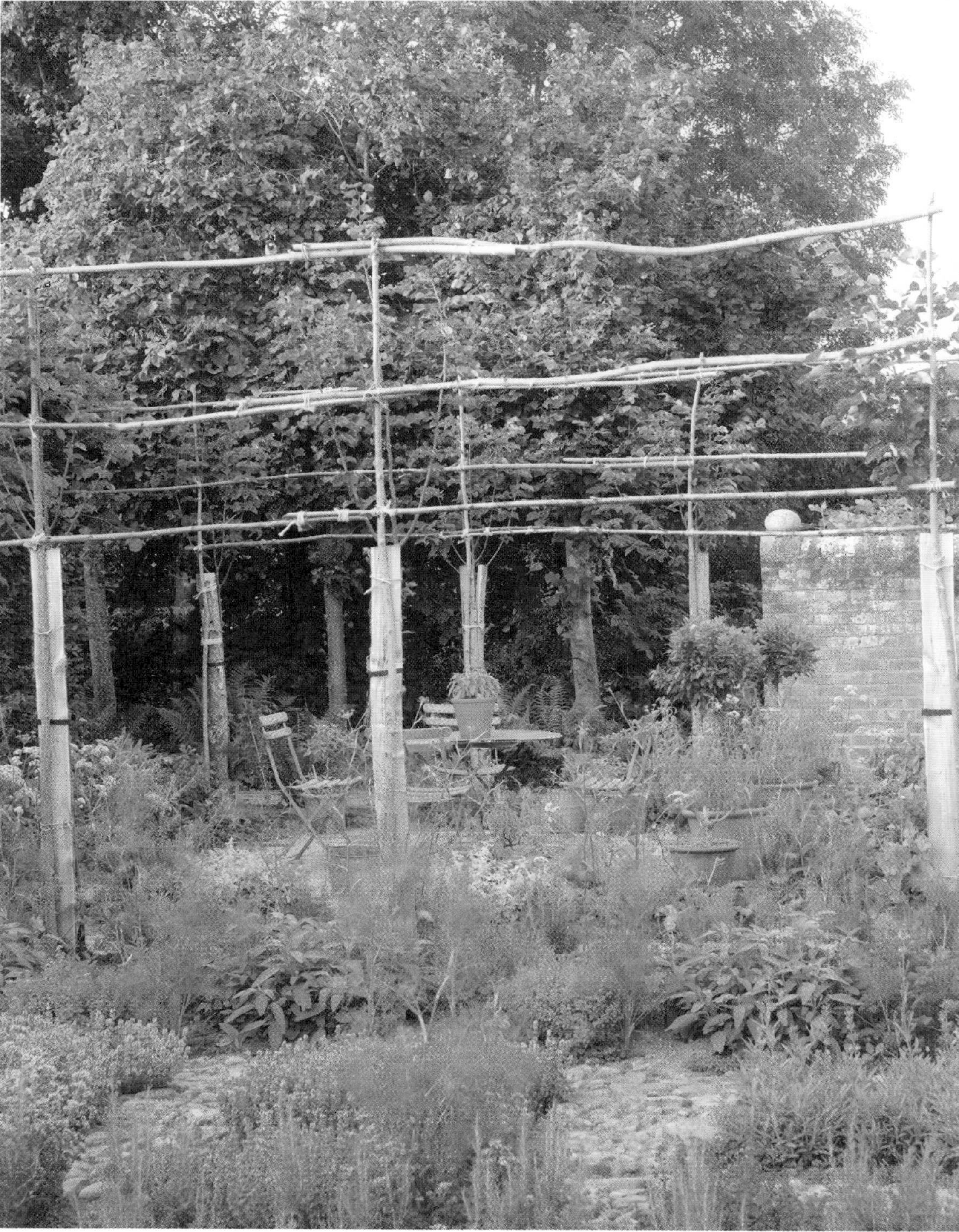

腾出更多空间容纳这些夏日的新宠，这时常会显得有些残酷。最温柔的方式莫过于移除早花的一、二年生花卉，如勿忘我、桂竹香、以及到7月底花期即将结束的毛地黄。

第一波月季已经开始凋零，如果定期（甚至每天）摘除残花会有极大收效。这样会刺激侧芽长出新的花蕾，摘除残花的整个过程更像是修剪，而不只是保持整洁，因此，应该使用修枝剪操作。不要只摘除凋谢的花瓣，而是要尽可能地剪掉花梗，剪到叶片或侧芽处。

细心的园丁应该已经遵循未雨绸缪的建议，早在5月或6月初给多年生草本花卉做好支撑了。但我认为通常在7月还应该再进行一轮加固支撑。

7月气温逐渐升高，湿度也随之增大，植物会突然葱郁繁茂，无法支撑自身的高度。其结果可能是花境倒伏，植物过度生长，头重脚轻，特别是风雨交加或雷雨过后，可爱的芬芳馥郁可能会在一夜之间凌乱不堪。

因此，使用矮灌木（如榛树豌豆架）或金属支撑做好防护非常重要，沿花境外围轻柔操作，将植物扶正，提供必要的支撑，但不要固定得过于僵硬紧绷。最理想的效果是在完成支撑后，看不到任何人为的痕迹。

蔬菜

最先成熟的是土豆，新鲜的白色土豆露出土面，在阳光下闪烁着令人欣喜的光芒。每年的第一茬新鲜土豆美味绝伦。接下来是从去年10月一直生长到此时的大蒜。我会在其叶子凋零、即将长出尖塔形种穗时收获，用叉子把它们小心挖出，不伤害蒜颈，然后在阳光下晾晒数周，这样便可以储存到来年春天。源源不断进入收获季节的还有菜豆、豌豆、第一批番茄，当然也少不了生菜，这些食材从花园热热闹闹地送到厨房。相比之下，去超市买菜显得多么枯燥无趣啊。

番茄

7月是温室番茄结果的主要季节。每年番茄的成熟季节略有不同，但通常我们会在7月底开始收获。我会持续关注通风与温度，并通过开关温室门窗进行控制。番茄在温度均衡的环境中生长状态最佳，因此最好保持稳定、微凉的温度，避免昼夜温差过大，通过观察叶片是否开始向内卷曲即可判断。

每周我都会捆绑持续生长的单杆式番茄，同时掐掉所有侧芽。所有番茄都会在茎和叶片之间呈对角线生长侧芽。这些侧芽也会挂果，但枝叶本身会比侧芽上长出的果序更有活力，使用单杆式种植方法时，它们会消耗掉植株的很多养分。随时掐掉这些新生的侧芽，可以让植株的养分更好地用于产果。

从生型（停心型）番茄品种正如其名，任其自然生长，通常在短时间内会结满果实。收获期相对较短，但是占据的空间又很大。因此，大多数人会选择种植单杆式品种，这就意味着你可以种植更多植物，同时收获期更长、更持久。

非常重要的一点是保持稳定的湿度，不要让番茄过于潮湿或干旱。我认为对于地栽番茄而言，用富含有机质的肥水每周浇透两次就很理想。盆栽番茄则需要隔天浇水一次，如果天气非常炎热甚至要每天浇水。同时非常重要的一点是容器（包括种植袋）要排水良好，不要让根部积水。到了7月底，随着果实长大并开始成熟，我就会开始减少供水，以免糖分被稀释，结出个大却寡淡无味的果实。

如果天气湿热，那么最大的担忧就是枯萎病。如果通风不够，植株会过于湿润，进而滋生病菌。若空气过于流通，植株也会压力过大而变得脆弱，同时也会诱发风媒孢子侵入。最好的解决方式就是每周彻底浇水一次，并随着天气变化调整通风条件。

果树的夏季修剪

在过去的3个月中，苹果树和梨树长出很多新生枝条，这些枝条在未来一两年内都不会挂果。冬季修剪会激发树木在来年重新生长的活力，然而夏季的修剪则会减少活力。因此，夏季修剪对于修整过长的枝条、控制乔木或灌木的整体大小都非常重要，这点对于造型树木（如墙式或单杆式）尤为重要。此时修剪可以让正在成熟的果实得到更多光照与通风，也可以避免树木长出拥挤的不挂果枝条。将当年所有的新生枝条剪到仅有两对叶片的长度（通常在5~10厘米），要格外小心，不要剪掉正在成熟的果实。

如果你正在给果树造型，可以根据需要捆绑新生枝条，但操作一定要轻柔松散。而如果你要打造墙式果树，让若干枝条呈平行状横向生长，那么一定要留下新生枝条末端最后的15厘米暂不捆绑，直到它已经达到理想的长度，那时才可以捆绑牢固。因为枝条在自由向上生长时会更为强壮，而一开始就把它们捆平会大大减缓其生长速度。

8月

8月是校园的假期，暑假的特有韵律和节奏会伴随你的整个人生，那种悠悠长夏的苦甜参半，那种夏日渐渐溜走的真切感。随着白昼变短，8月的傍晚总是沐浴着天鹅绒般饱满的金色光辉，整座花园也笼罩在完满馥郁的氛围之中。花境在8月呈现出一种阳刚的力量，初夏时逝去的那份鲜活感，到此时取而代之的是一份成熟和笃定。

空中的太阳渐渐低落，到8月底，傍晚时分益发短暂，而我最爱的时光莫过于黄昏的夕阳洒在色彩丰盈的花境上，映衬出浓烈辉煌的光芒。

珠宝花园里花团锦簇，香鸢尾、大丽花、醉鱼草、晚花铁线莲、秋英、百日菊、肿柄菊、向日葵、金光菊、堆心菊、火炬花、鼠尾草，都紧紧抓住8月的璀璨，绽放光芒。

到8月中旬，很多初夏开花的植物已经可以挖出、分株和移栽，以便在冬季休眠期到来前扎下强壮健康的根系，8月的花境虽然美丽，却也是园丁繁忙的季节。

到8月，香豌豆每周都会开花不断，如果不定期收割，花朵就会结籽，从而抑制植株继续开花。要延长花季，我建议每隔10天收割所有花朵，只留下紧紧闭合的花蕾，同时每天检查并摘除种荚。

蔬菜

8月的菜园进入一年的全盛时期。尽管早熟的蔬菜品种（如蚕豆、菠菜、萝卜、芝麻菜、豌豆、春季卷心菜）此时已经完成使命，然而接替它们的蔬菜品种也鳞次栉比，其丰富程度并不亚于花境中的花卉。红宝石色的叶甜菜、紫黄色豆荚的菜豆、甜玉米、南瓜、小胡瓜、甜菜根、菊苣、番茄、甜椒、黄瓜、茄子、甘茴香、洋葱、大蒜竞相生长着，努力在宝贵的空间里争得一席。其实，即便是小小的一片地块即可容纳全部甚至更多品种。轮作、复种，只要稍稍用心规划，即便是后院里的方寸之地，亦可收获数倍的夏日蔬菜。

8月是收获的季节。园中的作物渐次成熟，收获不断，从多到吃不完的番茄（冷冻后制作番茄酱在冬天享用堪称完美），再到第一穗成熟的玉米，又或者我最爱的8月料理——法式炖菜，使用的全部是自己耕种的食材——洋葱、大蒜、小胡瓜、番茄、矮生菜豆、辣椒。

8月的菜园进入一年的全盛时期

在收获的欣喜之余，8月也是繁忙的播种季节，为冬天甚至来年春天做好筹备。我会在8月中旬播种生菜、芝麻菜、春季卷心菜、欧芹和冬季洋葱，这样在光照不足、生长缓慢的季节到来之前，它们就可以长出健康的根系。

在番茄长出最低处的果序后，我会立刻摘掉果序下方所有的叶子。此后就可以定期摘除叶子，促进植株挂果。这样做可以减少水分蒸发，让更多光线照射到果实上以加快成熟，并减少植株本身的生长速度，继而进一步改善并加速果实成熟。如果有枯萎病或嵌纹病毒侵袭，你可以摘掉所有叶片，这样并不会影响果实的生长和成熟，因为植株的茎干已经可以提供足够的叶绿素，在接下来的几个月里继续进行光合作用。

池塘

即便是看似纯天然的野生动物池塘，全年下来也是需要一点维护工作的，临近夏末，有很多工作需要留心。首先是要保持水面的高度，尤其是在气候干旱时。尽管在理想状态下，我们应该使用储存的雨水填充池塘，但如果储存不足，也可以每天添加一点自来水，不过最好避免时常大量注入。落入池中的叶子应该定期清理，同时使用锋利的刀子剪掉凋零枯萎的睡莲叶片，否则它们会遮挡崭露头角的花朵。

如果你要在假期外出，池塘中的鱼完全可以自给自足，但一定要在离开前将池水注满。

在8月温暖的水温下，造氧植物会急剧增多，需要进行稀疏处理，否则会封锁住整个池面，其分解物会增加大量的池塘沉淀物，继而滋生水藻，让整个池面变为不透明的绿色，遮盖所有水面下的活动，而这些水下活动恰恰是所有池塘的迷人之处。我会使用铁丝耙轻轻梳理，将水藻和过多的造氧植物从水中清除。记得要将捞出的植物轻轻堆放在池塘边，等候24小时再放入堆肥中，这样被误捞出来的小生物便可以爬回水中了。

草莓

在早熟草莓完成结果后（通常在7月中旬），植株会积蓄能量通过匍匐茎生长新苗。这些长长的茎蔓会一路延伸，长出一株或多株新苗。当小苗接触地面后，就会迅速扎根。这时可以取距离母本最近的小苗（这通常是一根匍匐茎上最强壮的植株）种到土壤中，或者使用装有堆肥的容器盆栽，等待数周，待其扎下健壮的根系后再与母本分离。这样繁殖的小苗会比母本拥有更多的活力，让你持续收获丰硕新鲜的果实。我通常会在4年后将母本挖出放入堆肥，因为4年过后，母本的产果能力会大大下降，也常常会积累病菌。

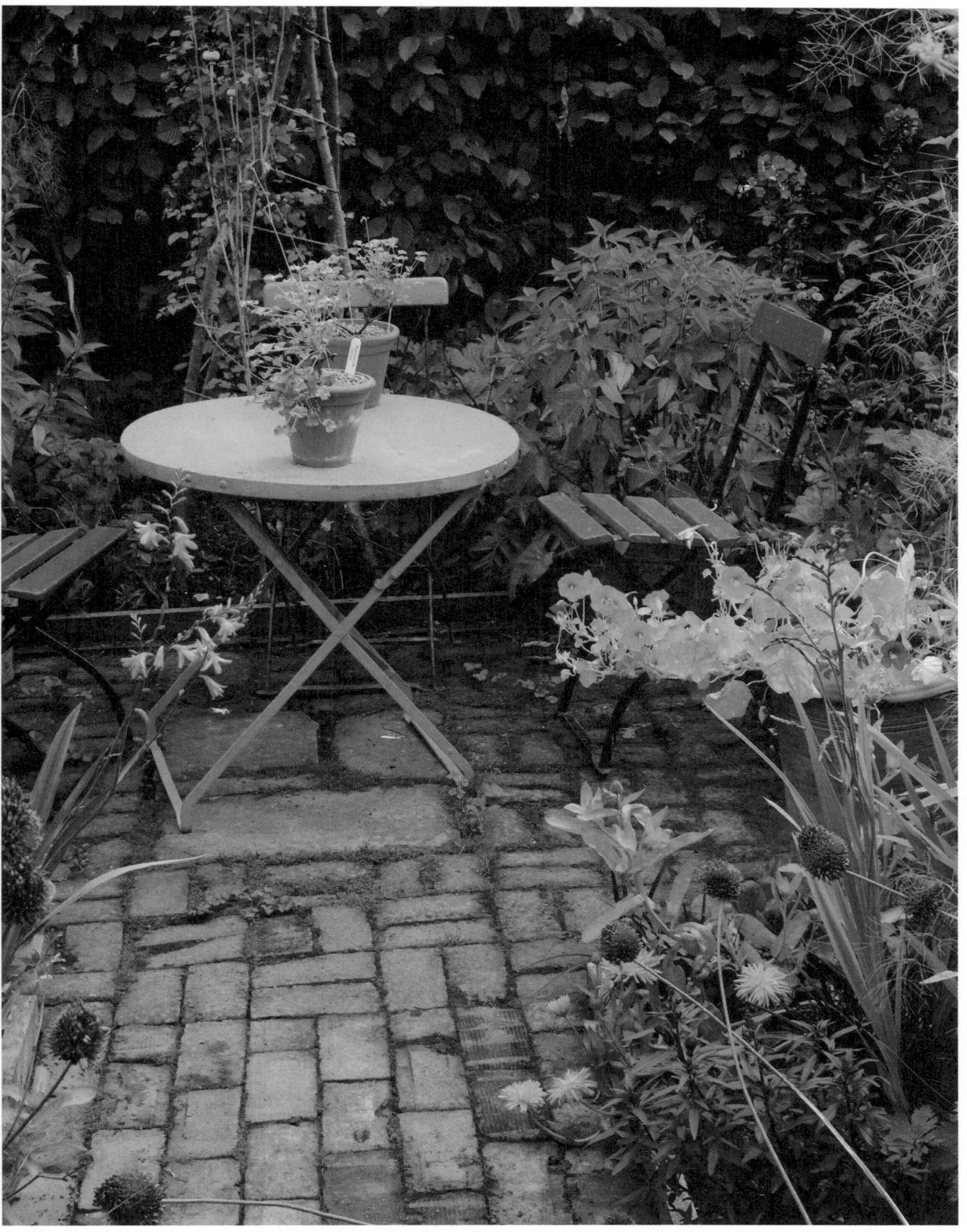

修剪

藤本月季通常不需要修剪就可以健康生长。整体说来，最好任它们沿大树或建筑物自由攀爬，但如果植株生长过大，或者你想打造某种造型，那就需要在花期结束后尽快修剪，通常应该在8月初。将所有陈旧或不想保留的枝条剪至地面高度，将其余枝条修剪成开放的二维平面。要记得，新生的枝条才可以在接下来的夏天中开花。

树篱

小鸟此时应该已经离开了巢穴，因此，8月是修剪树篱的绝佳时节。从侧面开始修剪，一定要修剪成“斜坡”状，也就是说不论高度如何，一定要保证树篱的底部比顶部宽。这样可以确保光线照射到树篱的下半部分，进而保证地面以上的所有叶片都完整、健康。然后再来修剪顶部，使用绳子作为垂直和水平的参考，如果是非正统树篱，那么顶部要沿弧线修剪成圆形。

所有无刺的夏季树篱修剪枝条（包括紫杉和黄杨）都非常柔软，叶片丰富，可以使用割草机完成，将修剪下来的枝条收集到割草机袋子中，最后放入堆肥中。

9月

9月的花园逐渐稀疏，好像色彩和光线都被轻柔地拉伸开来。太阳的高度渐渐降低，在宝贵的数周内，以完美角度投射出全年最美的光线，将稀疏的叶片映成轻纱。时至9月，我们会真切感受到这一年正在悄悄溜走。通常，9月的白天还算炎热，着一件薄衫足矣，也大可四肢摊开躺在干爽的草坪上，而夜晚则非常凉爽，要裹上线衣，拢一团火，才足以点亮晦暗。所有棱角都变得柔和起来，但并未模糊。

尽管如此，9月依然是色彩斑斓的季节。源于赤道附近的植物继续充盈着整个花境，挥洒着浓重明媚的色彩（如果你能及时完成日渐繁重的摘除残花的工作，花境表现则尤为喜人）。

9月也是精致与丰盛的时节，我们毫不吝惜地挥霍着赞叹和欣喜，因为我们深知，美酒与玫瑰[①]的好时光都即将逝去，而当下的每一刻都值得细细品味。

源于赤道附近的植物继续充盈着
整个花境，挥洒着浓重明媚的色彩

我们的大丽花非常喜欢花园里的重黏土，在整个9月里表现愈发喜人。只要没有霜冻，它们就非常享受这里的环境，丝毫不受日渐缩短的白昼影响。我想这是整个9月我最爱的部分——只有在这个月，

---

① 译者注："美酒与玫瑰"出自英国诗人欧内斯特·道森（1867—1900）的诗篇*Vitae Summa Brevis*（1896），原句为：They are not long, the days of wine and roses/Out of a mistry dream/Our path emerges for a while, then doses/Within a dream.

你才能欣赏到炽热、明亮的白昼充斥着缤纷的异域色彩，而缓缓减弱的日光更给这夏日的尾声增添了一份不可言说。

若要在9月保持花园生机勃勃，秘诀就是每天摘除残花，清理每枝凋谢的花朵，这样做可以激发源于赤道的植物（如肿柄菊、秋英、百日菊、大丽花）长出更多花蕾，只要天气（更确切地说是夜晚）持续温暖，它们就可以开花不断。不要只是摘下凋谢的花瓣，一定得剪到叶片或侧芽处，此原则适用于所有摘除残花的工作。

半木质化枝条扦插

9月是扦插半木质化枝条的最好时机。可以从已木质化的香草植株上截取插条，如迷迭香、薰衣草或百里香，取材也可以来自浆果类植株，如鹅莓、红醋栗，以及所有的开花灌木，如月季。

嫩枝扦插通常选择完全新生的枝条作为材料（通常是当年早些时候长出的枝条），而半木质化枝条扦插则采用当季的、已经稍微变硬的木质枝条。秘诀是要选择柔软、能够弯曲的插条，但基部已经木质化，并开始变硬。

扦插繁殖的幼苗会完全保留母本的性状，而播种繁殖的则不尽相同。扦插实质上就是克隆的过程，如果你特别喜爱某种月季，或拥有一株特别美味的醋栗，或一丛直立性很好的迷迭香，那就可以使用扦插繁殖，这些优良品质将会在新的植株中延续下去。

在你动身选择插条之前，随身携带一个塑料袋、一把锋利的小刀或修枝剪。塑料袋用来存放剪下的扦插材料，要在截取后立刻放入以免水分蒸发，而用来切割的工具越锋利，你的插条就越容易生根。

扦插一定要选择健康、强壮、笔直的枝条，不要带花朵或花蕾。一旦从母本截取下来放入塑料袋中，就要迅速进行后续操作。其实，从你截取插条的那一刻起到长出新根之前，插条一直处于濒临死亡的

状态，所以越快行动，就越容易成功。

摘除所有下部的叶片和侧芽，只保留上部两三厘米以内的叶片。保留过多叶片会使插条蒸腾作用而流失更多的水分。使用锋利的小刀或修枝剪将光秃的枝条剪到合适尺寸，然后插在装有富含粗石或沙质混合基质的容器中。最好是将插条沿容器边缘插入。通常一个容器内可以容纳4根或更多插条。将其放置在温暖明亮的地方，但不要选择向南的窗台，以免光线过于强烈。保持水分充足，并每天用喷雾器喷洒叶面，以防在根系长出之前叶片干枯。等看到有新芽萌出，就说明插条已经生根了。到那时，插条就可以单独上盆种植了。

我每年都会修整紫杉树篱和造型树，让它们在整个冬天保持轮廓分明。自从几年前花园里的黄杨患上枯萎病，我会在每年修整前扦插很多紫杉枝条，从而繁殖出上百棵免费的健康紫杉苗。

我会挑选长势健壮的植株截取插条，有时剪下大约15厘米长的笔直枝条，有时也会剥取健壮茂密的侧枝，保留一点点“脚跟”，也就是连接侧枝的茎干。前一种插条很笔直，生长速度也可能较快，而后一种则很茂密，因此，从一开始你就可以根据不同需求选取最好的插条。

来年春天，这些插条就会呈现出生长迹象，那时即可盆栽，也可在来年秋天成排地栽，或者在两三年之后栽成灌木丛。

现在是修剪所有常绿树篱或造型树的好时机，这样它们才能在整个冬天保持轮廓清晰，而且修剪过程中你也可以获得扦插的材料。

同时，9月也是种植常绿植物的理想时节，此时栽种可以保证植株在入冬之前彻底扎根。

春季开花球根

春季开花的球根（如洋水仙、番红花、葡萄风信子、五叶银莲花以及绵枣儿）都可以在9月土壤变松软之后种植（但通常在10月到来前，草皮还很干燥难挖，特别是树下的土壤）。在新年萌出第一批嫩芽前，这些球根早已开始了生长的过程，因此越早种到土壤中，其根系建立得越完善，往往开花表现也会更好。除了雪滴花和贝母，对于所有其他球根而言，排水良好都是成功的关键，整体来说，种得越深效果越好。

每年9月，我都会使用排水极佳的
介质来盆栽新鲜的球根

我非常喜爱早花鸢尾，如网脉鸢尾或哈尔普特鸢尾，但它们在我们潮湿的土壤环境中表现不佳。所以每年9月，我都会使用排水极佳的介质来盆栽新鲜的球根。种完之后便可以置于凉爽但不会过于潮湿的角落里，直到花蕾出现，便可以搬到方便欣赏其精致花朵的最佳位置。

蔬果

9月的收获主要来自我们从炎热地区引入的蔬菜——瓜类、甜椒、番茄、南瓜、茴香、菜豆，还有苹果、李子、梨等。同时，耐寒蔬菜品种依然长势良好。

对于夏季结果的树莓，此时已经可以将棕色的老枝剪到地面高度，保留新鲜的绿色枝条。这些枝条将会在来年夏天结果。同时要减少新枝的数量，每株最多保留6根最强壮的枝条。这些枝条需要牢固支撑到明年，因此，夏季结果的树莓最好采用固定的支撑系统。我用麻绳缠绕成平行线捆绑枝条，使用结实的桩固定好，在捆绑每一条线的同时将枝条呈扇形依次排开。最重要的一点是要确保牢固，否则冬季的寒风会伤害到枝条。

每天我都会查看苹果树和梨树，若有看似成熟的果实就掂掂重量并轻轻转动，希望恰好在成熟的完美时刻将它们轻柔摘下。到现在，你已经无法做出什么努力来改善果实质量和数量了，但若你多用心，便可以大大改善储存果实的效果，苹果尤为如此。凡是有裂痕或擦伤的果实都无法储存，如果你有间车库或小棚屋，便可以将没有擦伤的苹果妥善保存到新年。

大丽花

只要从夏末开始定期摘除残花，大丽花就可以一直绽放到秋天。要区分凋谢的花朵和刚刚萌出的花蕾，最简单的方法就是观察形状：花蕾永远是圆形的，而凋谢的花朵则带尖，呈圆锥形。一定要剪到下一个侧芽处——即便要剪掉很长的花梗也需如此，因为这样才能激发植株继续开花，也避免了留下花梗影响美观。

10月

一年12个月中，10月所蕴藏的变换和更替最令人赞叹。10月莅临之时仍是夏末，4周过后它作别时已留下一抹冬意。然而，全球气候变暖带来了一个副作用——园里的花期越来越长，秋季的开花表现也越来越好。

而你却能真真切切地感受到，这一切都是上一季遗留的馈赠。10月通常是一年中最绚烂的金色时节，但同时你会愈发珍惜每个灿烂的日子，因为暖阳正日渐消散。10月里有那么一瞬间，你会觉得花园已经厌倦了那生长与绽放的劳碌，开始结籽、结果。你能感觉到，它的能量已渐渐殆尽。

说实话，到了这个时节，我这位园丁也同样觉得电量不足。在春天或9月还总因为夜幕早早降临感到沮丧，而到了10月，夜晚却成了解脱，总算有充分的借口回到室内，将花园关在门外那愈发浓密的黑暗中。

我会在10月初将番茄从温室中清除

我会在10月初将番茄从温室中清除，这样可以腾出空间来栽种我八月份播种的蔬菜幼苗。我会选择诸如‘四季奇迹’及‘冬天的布鲁因’等品种的生菜，以及芝麻菜、日本芜菁、壬生菜等耐寒蔬菜，它们在玻璃温室的保护下会受益颇多，整个冬天不需要额外加温。如果把它们种到番茄苗床（我会将苗床重新翻整并加入一层花园堆肥），很快它们会在温暖的土壤中扎根，这样待到11月，户外的植株完成使

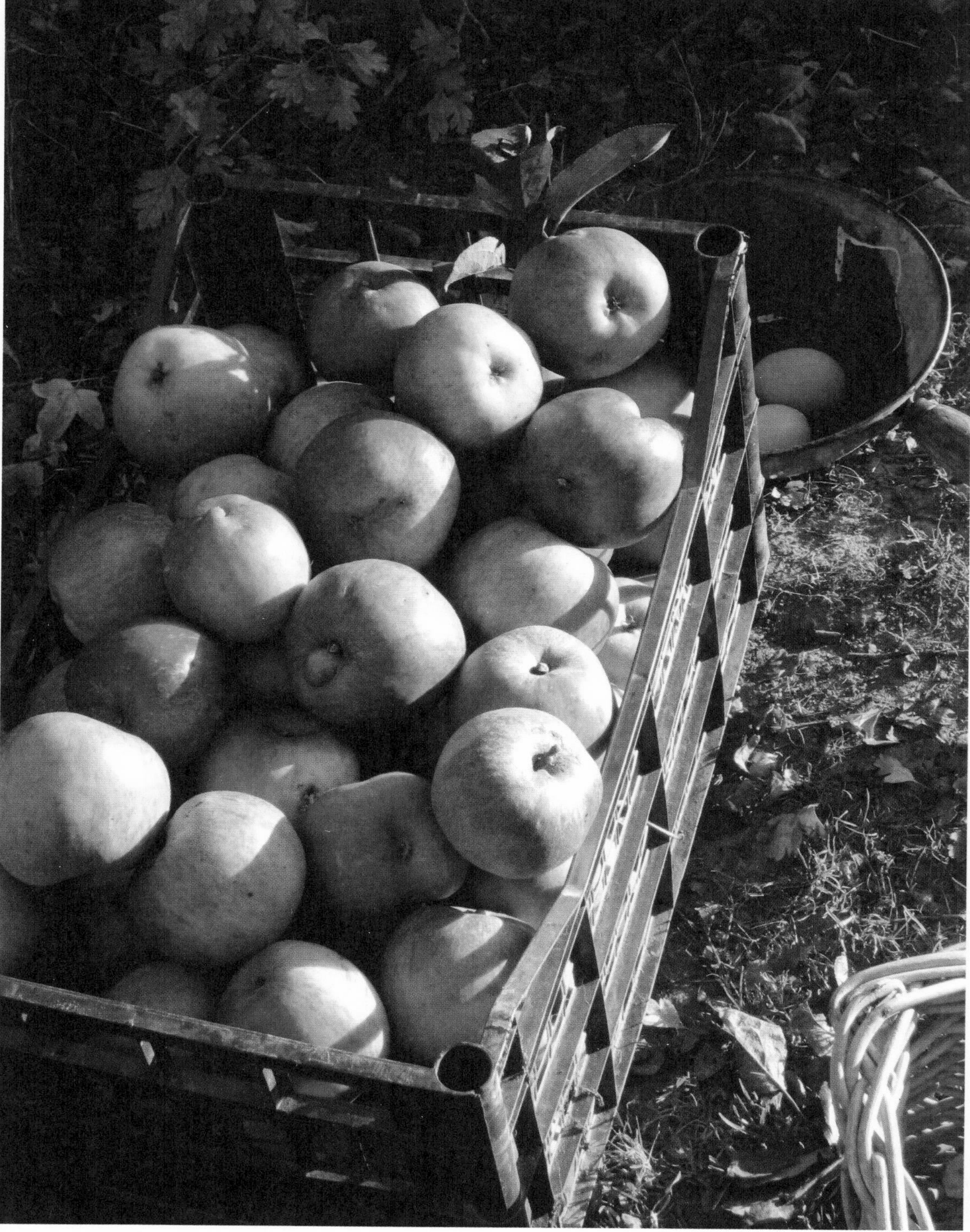

命时，它们就已长得足够大，可以满足我们日常的餐桌需要了。

整个冬天，它们就这样静静等待，个头虽不大但味道绝美。直到2月，白昼开始变长，它们又再次开始生长。

秋天的落叶于我而言是珍贵的收获，我会将每片叶子仔细耙拢保存，用来制作腐叶土。腐叶土是我们盆栽基质中的重要成分，也可用来做林地植物的覆根物。只要落叶不过于潮湿，我们就会尽可能地用割草机多收集，可以先把叶片耙拢到砖路上，然后使用割草机，因为经过割草机的切割并保持湿润，叶子的分解速度会快得多。腐叶土的制作过程很大程度上依靠真菌而不是细菌活动，因此无需翻搅，我们只需把收集来的叶子储存到铁丝网栏或者垃圾袋里，到了来年10月，它们就会变成可爱又肥沃的堆肥。

将不耐寒植物移至室内

到了10月，总有那么一刻你需要下定决心，将不耐寒植物移到温室内以防受损，如盆栽的柑橘类、香蕉、美人蕉以及种植在花境中的鼠尾草等。但是它们所经受的低温天气越多，耐寒性就越会提高，遭受寒流损伤的可能性也就越小，所以我一直努力尝试，在保证它们不受冻害的前提下尽可能推迟移植的时间。

若赶上暖秋，秋季结果的树莓会从7月底一直结果到12月，通常在整个10月都硕果累累。它们几乎不需要任何关注，只需在仲夏时节给予必要的支撑以防止倒伏，同时也便于采摘果实。同时要在新年时妥善修剪，剪掉所有枝条，并尽可能地添加一层厚厚的覆根物。任何能抑制杂草的材料均可，今年我使用的是干草。但是一定不要使用蘑菇堆肥，因为这种材料的碱性过强。秋季结果的覆盆子无需担心乌鸫侵食，这种鸟对于夏季结果的品种可是非常贪婪，不过到了秋季品种挂果时，它们似乎已经厌倦了覆盆子的味道。我栽种的品种是‘秋季布利斯’和黄色果实的‘黄金珠峰’。两个都是既高产又美味的品种。

硬枝扦插

嫩枝扦插通常取材于很容易弯曲的新生枝条，这种插条生根速度很快，但同样死亡速度也很快，因此，有机会生根的时间非常有限。半木质化枝条扦插生根较慢，但是存活概率更大，无需过多照顾。然而硬枝扦插最为简单，完全无需保护，但生根速度会非常缓慢。

硬枝扦插所选的材料是经过一个夏天的生长后完全成熟的枝条，最好的判断方式是枝条应完全无法弯曲，取材的时间从10月到12月均可。理想的插条可以来自你最喜爱的月季品种，或者任何在前几个月生长成型的优质直立灌木枝条。

1. 选择新生的健康直立枝条，不要带花蕾，长度至少达到30厘米，粗细和铅笔相当。

2. 将枝条切割成约20厘米长，底部水平切割，顶部呈45°斜切，这样在扦插时能记住哪端朝上。

3. 在土壤中混入大量碎石改善排水性，然后用铁锹挖一道狭长的沟，深度大概就是铁锹的纵深。然后将插条间隔约7厘米插入，土面以上仅保留2厘米长。回填土壤后浇水。12个月后即可移栽或上盆。

香豌豆

如果根系足够健壮，香豌豆通常会开花更早、更频繁，花期也会更长。保证健壮根系的最好方式就是尽早播种，这样待到明年4月在户外定植时，植株已经足够健康、粗壮，拥有强大的根系了。显然此时播种无法在户外完成，因为天气已经太冷，种子无法发芽生长，但是如果现在在温室、冷床或门廊的保护下播种，则会给它们一个早早开始的好机会。

香豌豆具有长长的主根，因此不论使用哪种器皿播种，都要有足够的空间供根系生长。可以使用深的播种盘，但是需要尽快移植。更好的方法是使用约7.5cm口径的花盆播2~3粒种子，或者使用炼根穴盘或大的育苗穴，每穴只播一粒种子，让它们在这些容器中静静生长，直到定植。只要气温维持在10~15℃之间，它们就无需额外加温即可发芽。幼苗亦无需保护，只要防止霜冻即可。

本月的其他工作

1. 全球气候变暖延缓了秋季冷空气的到来，但是并不能保证10月里没有严重的霜冻。建议购买一些园艺薄毡和钟形棚罩，一定要未雨绸缪，在霜降来临前提早使用。钟形保护罩用于成排种植的蔬菜非常理想，可以让植株保持干燥温暖（但我通常会在两端保持开放状态，我愿意牺牲一点温度换来通风）。而园艺薄毡是抵抗霜冻的最佳临时保护措施，可以用于覆盖幼小植株，也可以搭盖在灌木和乔木上。

2. 如果土壤足够干燥，播种一两排蚕豆‘阿夸迪斯’。

3. 大蒜可以在10月里随时种植，但硬杆品种应该先种，因为它们需要更多生长时间。首先要备土，将土壤耙成细致的耕地，然后将蒜瓣间隔15~25厘米成排种植，带尖头的一端朝上，深度在地面以下2.5厘米。在收成好的年份，我会保留最大最好的蒜球留作来年的种球，但一定会在之后补进新的一批。使用健康肥硕的种球播种，只播种最外层的蒜瓣。内层较小的蒜瓣则保留用于烹饪。蒜瓣越大，长出大球根的概率就越高。

4. 整个10月里要坚持摘除残花，特别是像大丽花这种短日照植物。摘除残花可以延长植株的花期，刺激它们绽放最后一朵花蕾。

5. 收集多年生植物的种子，这样可以节省一大笔开销，使用纸袋收集（不要使用塑料袋）。记得要立即给收集的种子袋贴上标签，不然就会忘记里面装的是什么！在播种季到来前储藏在凉爽干燥处。

6. 储存水果可以让其保存期尽量延长，一切努力都是值得的。我通常会忍不住想储存有轻微擦伤或损坏的苹果，这是个错误。一定只能储存完好无损的苹果，这就排除了所有被风吹落的果实。除了易受霜冻和啮齿类动物侵食外，苹果在储存的过程中也会变干，所以需要保存在凉爽湿润的地方。地窖是理想的储存场所，车库、棚屋也可以，或者使用塑料袋，将封口处折叠起来但不要捆绑，再用铅笔扎些洞，也是不错的选择。把袋子放到凉爽阴暗的地方即可。

7. 可以栽种或移植落叶灌木或树篱，即便叶子尚未掉落，但只要植株已经结束生长，而土壤仍然温暖，根系可以立刻开始生长即可操作。当然，非常重要的一点是在种植时浇透水，此后每周浇透一次，直到土壤足够潮湿或叶片掉落。

8. 将二年生花卉种植或移栽至来年春夏理想的开花地点，如勿忘我、桂竹香、毛地黄、大翅蓟、毛蕊花。

9. 继续种植春季开花的球根，郁金香要再等1个月方可开始种植。

10. 只要观赏草保持生长，就要继续修剪，但在冬天的几个月里，观赏草宁长勿短。要将干草和苔藓耙出，放入堆肥中。

11. 10月是为草坪打孔透气的绝佳时机。让紧实的草坪松动透气是保证来年草坪健康的关键。面积较小的草坪可以使用园艺叉在草坪表面打孔，越深越好。对于较大的草坪，租用专业打孔机代劳还是非常值得的。

12. 剪掉明显带病的铁筷子叶片，为春季开花的多年生植物覆根，材料使用去年的腐叶土及花园堆肥，以50：50的比例混合。

13. 修剪藤本月季，剪掉老枝以及所有受损或交叉的新枝，然后将所有侧枝修剪至健康的叶芽点处。

14. 将所有爬藤类植物捆绑牢固，以防冬季遭受大风损害。

15. 在10月给落叶树篱进行一次轻剪，可以让它们在整个冬天保持轮廓清晰，当其他植物都陷入沉寂时，它们会依然赏心悦目。

11月

11月的白昼像绞索一样越收越紧，整座花园也慢慢四分五裂，所有使之蓬勃的力量已然尽失。而园丁唯一的应对方法就是如同照顾一位生病的老友，一面缅怀那昔日的美好，一面筹备着新年那必将到来的复苏。

当然也会有美好的日子，特别是在11月初，叶子尚未掉落，在微弱但清朗的阳光中闪烁着金光。树叶会在此时（而不是10月）呈现出最美的秋色，但也正是在此时，它们正式开始从树上坠落。然而，叶片并非是在秋风中飘然而下——因为11月总会伴随突然的霜降，而霜降过后的湿冷天气会使叶子在静止的空气中像碎瓦片一样哗啦啦地坠向地面。

我们最好尽可能多地保留冬季地被植物，这样可以为植被提供保温层和微气候，使其不受最残酷的严寒侵袭，也可以给鸟类提供种穗，同时冬季地被植物也是昆虫的重要庇护所。茎干干燥中空的植物尤为理想，如紫菀、堆心菊、金光菊以及所有观赏草，都应该保留原样不动，直到春天来临。

但至少有一半夏季生长的植物都可以清理了，特别是如果它们过于湿重，倒伏在植物的冠部，就可能会导致植株腐烂。从一旦离开支撑就无法直立的植物入手，将其全部剪掉。记得不要蹑手蹑脚，要大刀阔斧地剪到植物基部，按照预期剪掉全部茎或叶片。这样可以让空气流入，帮助清理并预防真菌问题。

在冬天，我们通常会想为柑橘类植物提供高于其最低需求的温度，这可是错误之举，只要保持在5~15℃就很理想了。虽然浇水应

该非常节制（一个月一次足矣），但空气应该保持湿润凉爽。总的来说，暖房或者室内会太过干燥，不受霜冻的温室或棚屋则非常理想。

所有在初秋长势良好的沙拉作物通常会受到霜冻侵害。随着白昼变短、日照降低，生长几乎会完全停滞。然而我发现，只需用钟形防护罩加以保护，它们的收获期几乎可以延长到春季。我不会关闭钟形防护罩的两端，这样可以让空气进入并流通。这一点对于菊苣特别重要，这种作物非常耐寒，但是讨厌湿寒交加，否则非常容易腐烂，本来完美的叶片上会形成黏滑的棕色龟甲状物质。

大丽花和美人蕉

大丽花会一直开花到初次霜降为止。地面以上的植株会被霜降侵蚀而变黑，而地下的块茎并不会受到影响。但是它无法承受潮湿和冻土的双重打击，因此，除非你的土壤排水性非常好，或者冬季温度很少低于−5℃，否则最好是挖出块茎并妥善保存。在收集块茎过冬之前，地面以上的部分应该剪掉，只保留15厘米长的茎干。此时要做好清晰的标签！挖出的大丽花应该清除掉潮湿的土壤，倒置一两天，把中空的茎晾干。然后用装好沙子、旧盆土甚至锯末的箱子或花盆装好，这样可以为它们隔绝并吸收过量的湿度，又不让它们彻底干透。

美人蕉耐寒性不强，不能留在室外过冬，最好使用腐叶土或用过的盆土上盆栽种，然后浇好水，放置在凉爽的地方。长椅下或无霜的温室即可。每隔几周少量浇水一次，让它们不要处于活跃的生长状态，但也不要彻底干透。

12月

12月的花园被夺去了所有尊严，随之而去的还有一切色彩和叶片。夏日舞台上那绽放光芒的耀眼明星此刻狼狈地流落在街角。而最大的羞辱并不是那灰暗，不是雨，不是那被雨水冲刷浸透的落叶，也不是腐烂的茎干，而是那晦暗的褐色。

只有一种妥善的解决方案，就是尽你所能为冬天增添绿色。绿色可以拯救一整天，一整月，一整年。绿色那忍耐和持久的韧性是其他色彩无法匹敌的。常绿树篱不仅仅给花园增添了结构性的“骨架”，最重要的是，这些绿色的立方体可以在百花凋零时，傲然藐视隆冬的森寒。在春日回归之前，这些绿色的结构基本上就是坚守花园的骨干。12月是我未雨绸缪、尽力在幕后整理筹备的时节。但事实上，我连这些工作也很少做，12月对于所有园丁而言都是一年中最糟糕的时节。

绿色可以拯救一整天，一整月，
一整年。绿色那忍耐和持久的韧性
是其他色彩无法匹敌的

12月一整个月，我在园艺上的劳作时间还不如3月或4月一周内的正常工作量。事实上，有些年份的12月里，我几乎只是偶尔敞开一下温室的大门，除此之外什么都不做。12月里白昼最短，又加上天气最为潮湿、沉闷，花园已经闭门谢客，陷入沉睡，等待熬过这一年结束。但偶尔有那么几天不下雨，我便会试着走出去，尽可能地清除花境中被雨水浸湿的落叶。所有无需支撑即可直立的植物都会保留下来，它们既可为鸟儿提供庇护，也可为花园增添几抹结构性装饰，但腐烂的蔬菜作物上那黏腻的棕色龟甲状物质却没有任何益处，必须加以清除。

虽然我知道肯定有事事尽心尽力的园丁，会在使用后将所有工具一一清洗并上油，精心打理他们的刃具，从锄头到镰刀，件件打磨得像剃须刀一样锋利。但对于我们大多数人来说，这些工作在繁忙的夏季园艺工作中自然就忽略了。

但到了12月就别无借口了。如果外面瓢泼大雨，或天气冷到你手指僵硬，你依然可以逐样打理工具，确保它们都处于最佳状态，为明年的工作做好准备。

最让人有成就感的工作就是清洁打磨所有刃具。锄头可以使用粗糙的磨石打磨锋利，这样明年在锄草的时候就可以轻易锄透，不会造成擦伤，而修枝剪则要费点力气使用钢丝球擦掉所有锈迹，然后打磨得像刀子一样锋利，这样就可以轻松精准地完成修剪。锋利的修枝剪对植物有益，因为刀刃锋利便可以留下整齐干净的痕迹，避免撕扯使植物受损，同时对于园丁来说也更为安全，因为你可以着眼于剪枝的位置和方式，无需过多费力。

最终，一年四季的韵律和节奏并不是遵循日历，而是跟随日光。因此，在圣诞节到新年的数周里，我会试着与花园重逢。白昼已然短暂到极致，接下来的只有复苏。天气通常很糟糕，欢愉也总是很短暂。然而，一切已经悄然开始。

作者简介

蒙提·唐，英国著名园艺师、作家、主持人，因长期主持英国BBC电视节目《园艺世界》而家喻户晓，深受园艺爱好者追捧。

蒙提·唐毕业于剑桥大学，早年与妻子因经营珠宝业不利而破产，在绝境中患上抑郁症，是园艺让他重新振作起来，收获了新的事业和人生。神奇的是，他从未接受系统的园艺学习，完全是自学成才。并且他是一位有机园艺实践者，从2008年到2017年担任英国土壤协会主席。

因在园艺、电视主持和慈善等领域的杰出贡献，2018年蒙提·唐在白金汉宫被授予大英帝国勋章。

致 谢

多林金德斯利（DK）出版公司的Mary-Clare Jerram和Hilary Mandleberg给了我热情、耐心和无尽的帮助。Derry Morre和Jason Ingram两人则帮忙拍摄了精美的照片。我的家人、花园和狗狗们则带着极大的宽容忍受了我在每次写书的过程中带来的忽视。此外，在Alexandra Henderson的指导、哄骗、鼓励以及时不时的统领之下，本书得以完美呈现而不失幽默。在此向各位致以诚挚的感谢。